人民警察速录职业能力实训教程

主编　寇　森

中国人民公安大学出版社
群众出版社
·北京·

图书在版编目（CIP）数据

人民警察速录职业能力实训教程／寇森主编 .—北京：中国人民公安大学出版社，2017.11

ISBN 978-7-5653-3108-4

Ⅰ.①人… Ⅱ.①寇… Ⅲ.①中文输入法—打字—教材 Ⅳ.①TP391.14

中国版本图书馆 CIP 数据核字（2017）第 278563 号

人民警察速录职业能力实训教程

寇 森 主编

出版发行：中国人民公安大学出版社
地　　址：北京市西城区木樨地南里
邮政编码：100038
经　　销：新华书店
印　　刷：天津嘉恒印务有限公司

版　　次：2017 年 11 月第 1 版
印　　次：2017 年 11 月第 1 次
印　　张：10
开　　本：787 毫米×1092 毫米　1/16
字　　数：231 千字

书　　号：ISBN 978-7-5653-3108-4
定　　价：40.00 元

网　　址：www.cppsup.com.cn　www.porclub.com.cn
电子邮箱：zbs@cppsup.com　zbs@cppsu.edu.cn

营销中心电话：010-83903254
读者服务部电话（门市）：010-83903257
警官读者俱乐部电话（网购、邮购）：010-83903253
教材分社电话：010-83903259

人民警察速录职业能力实训教程

主　编：寇　森

副主编：张静楠

编　委：(按姓氏笔画排序)

马新平　王耀鹏　申福林　白　玲

巩君户　毕冬冬　张利军　张铁林

郑志锋　施香丽　姜金霞　崔素琴

董恩发　蔺小俊

前 言

　　人民警察，特别是基层人民警察每天面对的都是接警、出警、讯问、询问、调查、取证、报捕等与形形色色的人打交道的工作。在这些工作中，较耗时耗力的是将讯问（询问）、调查等语言信息（包括口语和肢体语言）生成书面材料，也就是传统所说的"笔录"。受汉字笔画结构繁杂的影响，手写汉字笔录最快每分钟二十多个字，再快就潦草得难以认读了。

　　计算机以及多种汉字输入法的诞生改变了人们的传统"笔录"习惯，但这些输入法只是解决了汉字从计算机中输出的问题，没有解决录入与语言同步的问题。最具代表性的常用输入法是"五笔字型输入法"，这种输入法比较适合看录，不适合听录，忘记了某些汉字的结构形态，这些字也就无法打出来。譬如，当听到耄耋之年、沆瀣一气、犄角旮旯这样的词，而对耄耋、沆瀣、犄、旮旯等字的形态模糊时怎么能打出来呢？更不用说速度了。"搜狗输入法"是最常用的输入法，该输入法是建立在《汉语拼音方案》基础上的输入法，这种输入法的缩略形式具备了速录软件的基本特征，但它存在语素段长，没有声调，四声字、词不分，选项多需大量翻页，缩略形式没有规律等不足。人们用"搜狗输入法"受技术原理制约，录入速度基本上都在 30~100 个汉字/分钟，再就很难提升了。

　　本书所指的双文速录以《汉语拼音方案》为基础，用双拼原理压缩了语素段，减少了字词输入时的击键频率；用字母作声调，解决了字词不分四声的问题；用读音首字母的缩略形式定义了高频字、常用词和短语、成语、术语、句子的缩略规则。其原理简单，易于掌握，在具备良好指法基础的前提下，培训一个月就可达到 120~180 个汉字/分钟的录入速度。在工作实践中，录入速度会越来越快，可达到录入跟随《新闻联播》的语音速度。

　　2015 年 7 月 29 日颁布的《国家职业分类大典》中分列了书记员职业，将法官、检察官、律师、公证员、司法鉴定人员、书记员一并列入了国家职业技能鉴定体系。这标志着我国遍布法院系统、仲裁系统、检察机关、公安机关、监察机关等以笔录为核心工作内容的人员将步入专业化、规范化和职业化轨道，正式成为我国以语音信息采集为职业的书记员职业大军。

　　计算机速录技术是解决人们口语语言（及肢体语言）的发音速度与记录速度不

同一的矛盾的唯一方法和途径，是书写劳动高效化的有效手段，是从事笔录工作必备的职业技能之一。

双文速录软件已成为速录师（初中高三级）职业技能等级证书的培训认证指定软件；是《书记员职业能力培训教程》（人民法院出版社出版）指定的培训和应用软件；是《检察机关书记员速录职业能力培训教程》（中国检察出版社出版）指定的培训和应用软件；是《速记速录与秘书工作》（中国人民大学出版社出版）指定的全国院校秘书专业和在职秘书人员培训和应用软件。双文速录软件技术基本上实现和覆盖了与速录技术有关的行业，基本上形成了速录技术的品牌和垄断性地位。

需要指出的是，在各出版社出版的行业培训教材中，速录技术介绍和速录技术培训内容都是一致的，但实训方法和所应用的专业术语却有区别。譬如，检察机关和公安机关的实训均以讯问为主，语言信息采集基本上都是以检察官讯问犯罪嫌疑人或侦查人员讯问犯罪嫌疑人的一问一答式的语言信息（肢体语言）录入；而法院系统和仲裁系统的庭审一般都是由审判长、书记员、原告、被告、律师等多人构成的，因此语音信息采集也必然以法官允许的多人讲话作为庭审语言录入的信息采集源。工作实践如此，培训过程中的实训过程也必然遵循这一原理规则。

这本《人民警察速录职业能力实训教程》是双文速录教学的精华版，是为了满足全国公安战线的人民警察学习和掌握计算机速录技能编写的，它填补了人民警察通过培训掌握计算机速录技能的空白，对提高办案效率和质量、加快审案和结案进程都将起到助推作用。它将以往教材中的常用词、冷僻的地名和姓名用字训练作为附录让学员进行业余训练，避免了冗长的教学过程，采取了在掌握基础原理之后一步到位的方式开始提速实训。一般情况下，学员经过一个月的培训，几乎人人都能达到120~180个汉字/分钟的录入速度，基本上能够完成讯问时的语言录入工作。随着录入工作时间的推移，速度会越来越快。

本教程与双文速录人民警察版软件相对应，是人民警察学习和掌握计算机速录技能的专业教材。双文速录人民警察版软件由北京双文速录公司负责经销、教学和技术支持。电话：010-62820869，邮箱：crwmkj@126.com，QQ：378050527。

"宝剑锋从磨砺出，梅花香自苦寒来"。相信我们每一位人民警察都能在掌握速录技术后的工作实践中获得成功的喜悦！

寇　森
2017 年 8 月

目 录

第一单元 人民警察掌握速录技能的必要性

笔录工作贯穿于立案侦查、报捕和审判过程的始终，与人民警察的工作范围、工作内容息息相关。对犯罪嫌疑人的讯问，对当事人的询问，对事故现场的勘验、核查，以及报警、接警、出警、调查、侦查实验、搜查、查封、扣押、证人证言等都离不开笔录，人民警察通过收集当事人等的口语描述信息并实时将这些信息采集生成具有法律效力的书面语材料，可以及时分析案情，掌握执法主动权。人民警察掌握了速录技能既减轻了繁重的笔录劳动强度，提高了工作效率，又强化了办案质量。

以人民警察常用的讯问笔录为例。讯问笔录是一种具有法律效力的文书形式，讯问过程中的每句话、每个字都能反映出犯罪嫌疑人的供述是否存在谎供心理和现象，这对于获取证据、全面分析研究案情、定罪量刑、总结办案经验、检查办案质量等都具有重要作用。而讯问时，据统计，口语语言最快每分钟能说出二三百个音节（汉字），如果笔录速度慢，往往给犯罪嫌疑人留下狡辩、谎供的思考空间，从而使讯问失去主动性。快速而完整的笔录稿对侦查人员和办案人员来说，既可从中窥视出犯罪嫌疑人的心态情绪，又可根据供述的蛛丝马迹调整突破口，加快审案和结案时间，从而降低或杜绝冤假错案。

目前，全国公安系统的笔录工作已经摒除了传统的手写汉字方法，向使用计算机进行语言信息采集的方向转变，将提高文字录入效率、办案效率和"五指化办公"接轨。因此，人民警察在掌握速录技能的前提下应该对所使用的文字录入软件有所了解和选择。使用标准计算机键盘即能够实现快速记录语言的软件是双文速录软件系统。本书介绍和应用的就是双文速录软件的速录方法和学习步骤。

第二单元　速录概说

第一节　速录简介

一、速录、速记

录像、录音、录入是将影像、声音和语言原封不动地摄录、抄录下来。速录、速记的词义和操作内容是将声音语言实时录成电子文本文件和书面语。就速录的功能而言，是将汉语的口语语言（包括肢体语言）实时录成可供阅读的电子文本文件或书面语言；而速记是使用一种简单的速记符号来快速记录语言的方法，要想把这种速记符号变成汉字，还需要一个翻译整理的过程。因此，它不如速录使用一种软件即可以一步到位地把声音语言录为书面语言。另外，速记符号不具备社会的公用性，普及性差。

就技能共性而言，速录与速记两者有着同工异曲之处。因此，计算机速录也可以称为计算机速记。

二、速录师和打字员

打字员是机关单位中从事文稿录入工作的人员，一般没有速度要求。专职的速录师是目前我国的高薪职业之一，主要从事各种商务会议的实时记录、影视媒体字幕实时跟随处理等工作。伴随着司法体系改革的不断深入，法院系统、仲裁机构、检察系统、公安机关以及纪检监察部门的讯问（询问）记录等大量录入工作都要实现计算机化（一般的打字员每分钟录入不超过100字，而从事商务会议记录的高级速录师每分钟必须记录220个汉字以上才能满足用户和工作的需要）；从事讯问等记录工作的办案民警每分钟的速录速度也必须在140~180个汉字才能完成完整的语言信息采集工作。

打字员可以使用流行的通用软件，而速录师必须使用速录软件或速录设备，否则无法完成高速度的速记工作。这是由普通输入法和专用速录软件的技术特征所决定的。

三、同声传译与计算机速录

同声传译的工作性质是实时语言翻译。在双语种或多语种的会议上，讲话人的语言会被同时翻译成双语或多种语言，通过传译系统实时传递给参会者。同声传译是把一种语言实时翻译成多种语言，速录是把声音语言和肢体语言实时转译成书面语言。两者虽然都是语言文字应用，方法和内容却不尽相同。

有专家学者提出，让优秀的翻译人员掌握速录技术就可以实现将一种声音语言（如英语）实时生成另外一种语言文字（如汉字）。这种人才的培养肯定有难度，但不是不能培养。实际上，一个掌握了计算机中文速录的人如果精通一门外语，将外语实时生成汉字文本文件是完全有可能的。

四、语音识别技术与计算机速录

语音识别技术就是将声音语言实时生成在电子屏幕可以显现的文字语言的方法，是一个语音识别软件系统。语音识别软件通常就是对着麦克风说话，说话人的语音信息就变成了在手机屏幕或计算机屏幕上可供阅读的文字信息。美国 IBM 公司是语音识别技术的泰斗，也是全球语音识别技术的佼佼者。

我国在语音识别技术方面已经研究了二十多年，科大讯飞的语音识别系统现在已应用于汽车导航和手机短信等领域。有人预测说，语音识别技术迟早要取代计算机速录技术。其实，这是一个误解。姑且不说汉语的载体——汉字同音字多、多音字多的情况制约了汉语语音识别的准确性，更重要的是汉语的方言、肢体语言、标点符号是无法应用语音识别技术的。另外，转瞬即逝的口语语言没有时间让操作人员来修改出现的大量的错字和错误语句。目前，科大讯飞的普通话语音识别软件应用于个人写作比较不错，可以一边说一边改，应用于会议记录、司法诉讼、讯问、庭审等工作环境，就目前的语音识别准确率而言还达不到要求，离实用还有一定的距离。因此，汉语的语音识别技术尚不成熟，它无法达到计算机速录的现场出稿效果。在可预测的未来，语音识别技术取代计算机速录技术尚需时日，很有可能遥遥无期。

五、速录技术

中国的计算机速录诞生于 20 世纪 90 年代中期，是我国亚伟速记创始人唐亚伟先生根据美国魁科特公司的英文速记机原理结合中国汉语拼音原理研制而成的，速录机的名称为"亚伟中文速录机"。该速录机使用专用键盘采取多键并击原理缩略了汉语拼音多个字母组成的韵母，它是计算机以外的一种外接设备。在经过一年的速录专门培训后，优秀者可以达到 180~200 个汉字/分钟。这种速录机由于学习难度大、录入错误率高、成才率低、学习周期长等诸多弊端未能在社会上得到普及。

双文速录（原名称是"双文速记"）软件是我国第一个使用标准计算机键盘获得国家发明专利的计算机速录软件。该软件采取双拼加声调方式，高频字、二字常用词、三字词（短语）、四字词（短语、成语）、五字及五字以上的术语（句子）均采用以读音首字母作为缩略形式的方法，专门设置了缩略键，以此区别字词和缩略语。

"国家中文信息处理产品质量监督检验中心"对双文速录软件进行测查，测查意见给出了"字词混合输入平均码长 1.29 键"的结论报告。

经过十几年不断优化后的双文速录软件，通过教学实践证明，学员在具备"盲打"和标准指法的前提下，经过一个月的专门培训，都能达到 120~180 个汉字/分钟的速录速度。经过半年的培训，大多数人都能达到 200 个汉字/分钟以上的高速度速录能力。

目前，双文速录技术已分别列入全国秘书类专业学生、书记员（办案人员）、速录师职业等级考试的速录能力培训体系。

六、速录的学习

凡是科学的都是简单的。双文速录并没有深奥的理论，但是要掌握它，让速录技能服务于本职工作，必须要经过一段认真练习和艰苦实训的过程。每一位人民警察都要用一种从容不迫的心态面对学习，既不能急于求成、好高骛远，又不能被动消极。要端正学习态度，以求知的心态和攻关的精神来提高速录能力。

如果我们把计算机速录的学习比喻成一场长跑拉力赛，在这个同一起跑线上起跑的有先快后慢的，有先慢后快的，也有不紧不慢的，但是，拉力赛最终是看谁先跑到终点。人民警察只要达到 140 个汉字/分钟的速录水平就可以满足工作需要，随着工作时间的推移，速录速度自然会不断提升。

七、有关计算机速录培训认证

1996 年，当时的劳动部在"全国计算机信息高新技术考试"（OSTA）的 15 个模块中设立了"计算机中文速记"模块，分为"计算机中文速记员"（听看录要求 80 个汉字/分钟）、"计算机中文速记中级速记员"（听看录要求 140 个汉字/分钟）和"计算机中文速记高级速记员"（听看录要求 180 个汉字/分钟）三级。2003 年 8 月，人力资源和社会保障部颁布了"速录师国家职业资格"标准，该标准分为"速录员"（听录要求 140 个汉字/分钟）、"速录师"（听录要求 180 个汉字/分钟）和"高级速录师"（听录要求 220 个汉字/分钟）三个级别，要求速录准确率在 98% 以上。

2015 年 7 月，国务院在颁布的《国家职业分类大典》中新增了"书记员"职业。速录技术与书记员职业能力密不可分。目前，速录师职业资格证书已经改为速录职业技能等级证书，具体实施细则正在制定中。

"速录职业技能等级"的考试、发证工作，目前仍由各省、市、自治区的职业技能鉴定中心组织实施。

八、有关双文与双文速录

双文是指人类社会使用的两种文字体系，一种是字母文字，一种是象形方块字。字母文字又分为拉丁字母文字和民族字母文字两种。拉丁字母文字就是通常所说的 26 个拉丁字母，英语系、法语系、西班牙语系等占世界 70% 以上的国家使用的都是拉丁字母文字；伊斯兰文、朝鲜谚文、俄语的西里尔文字都是民族字母文字。方块汉字是世界上仅存的象形字。

双文速录是指使用 26 个拉丁字母拼写汉语普通话，在拉丁字母状态下读出的是普通话，使用计算机将拉丁字母输入到计算机里通过读音的对应转换输出的则是读音对应的方块字。为什么能够快速录入呢？双文速录的应用规则实际上是借用了拉丁字母文字的"字母大写缩略法"原理。譬如，Central Processing Unit（中央处理器）用英文来缩写就是 CPU，英文是用术语中单词的大写字母作为缩略方法，而双文速录的缩略方法就是用每个字读音的首字母 ygik yuvlivql（yivlq）来缩略。再例如，"双文和双文速录软件的区别在哪里？你知道吗？"这句话的双文对照为"双文（wiunc）和（h）双文速录（wusl）软件（rj）的区别（dqb）在哪里（znl;）？你（n）知道吗（ydm2）？"从上述例句中可以看出，只有"双文"一词是语素齐全的词，其他都是缩略词。

双文速录的缩略词方法与信息技术的缩略词方法不同，信息技术的缩略词方法是以科技术语、句子中的单词作为缩略对象的，也就是用句子中单词的第一个字读音的首字母缩略。如"弹道导弹防御系统"（dhldbl dbvdhl fkcolxltgv）可以缩略成 DDFX。双文速录的缩略方法是 dhldbl dbvdhl fkcolxltgv（ddddt），也就是前四个字和最后一个字读音的首字母。

第二节　双文速录软件应用系统的版本、安装和使用

一、软件版本

目前已开发并应用于市场的软件为面向书记员、速录师和秘书的专业软件。人民警察使用的是"双文速录人民警察"专业版软件。

软件分为单机 UK 版和网络注册版。

1. 单机 UK 版

单机 UK 版是一种使用 USB 接口的无需物理驱动器的微型高容量移动速录软件产品。通过 USB 接口与电脑连接，即插即用，可在不同的电脑上使用。

2. 网络注册版

网络注册版是使用安装包安装软件后，计算机软硬件信息会生成唯一的识别码，即机器码。软件公司根据用户发送的机器码回传注册码，用户将注册码拷贝至安装对话框才算安装成功。此时，双文速录软件已固化在该电脑的硬盘中，更换电脑或重装系统将无法使用。

二、安装过程

1. UK 版

（1）双击 UK 的图标，出现如图 2-1 所示界面。

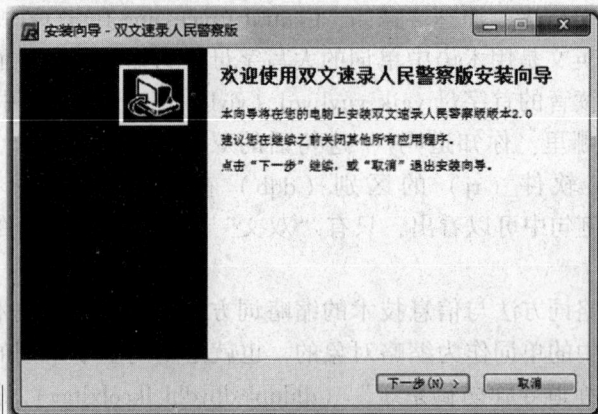

图 2-1

（2）点击"下一步"，如图 2-2 所示。单击"我接受协议"。

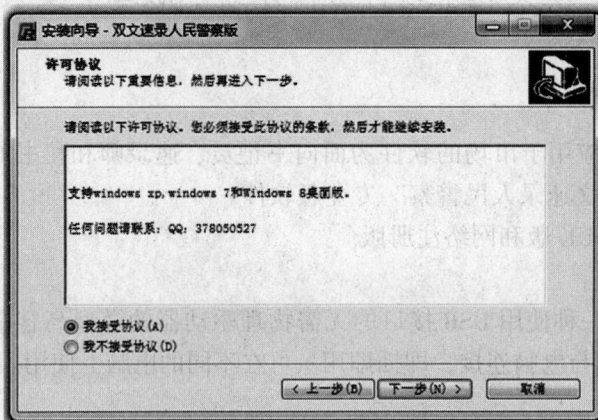

图 2-2

（3）选择安装路径，点击"下一步"，如图 2-3 所示。

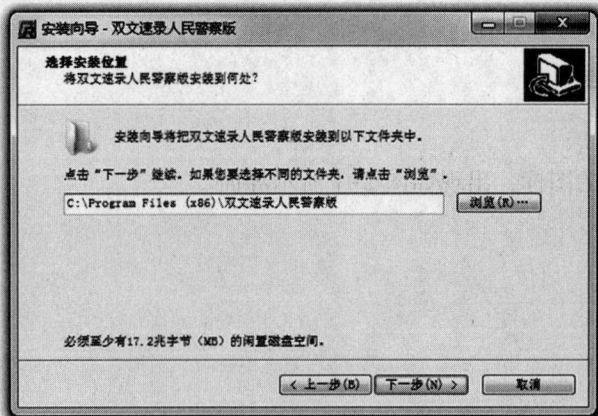

图 2-3

（4）点击"下一步"，如图2-4所示。

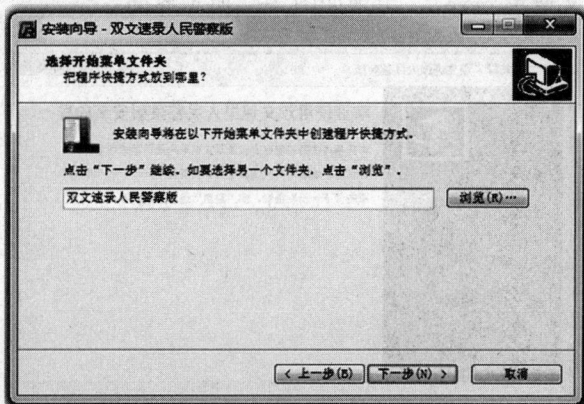

图2-4

（5）点击"安装"，如图2-5所示。

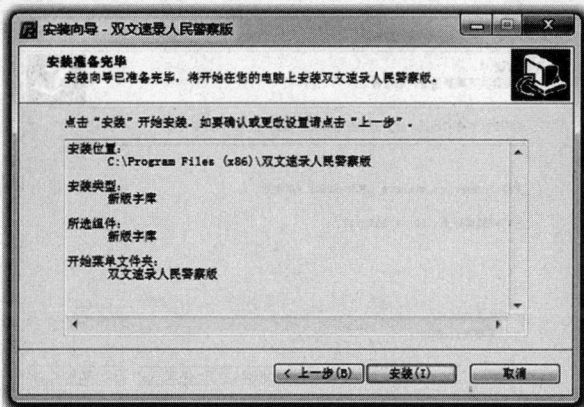

图2-5

（6）选择"是，立即重启电脑"后即可使用，如图2-6所示。

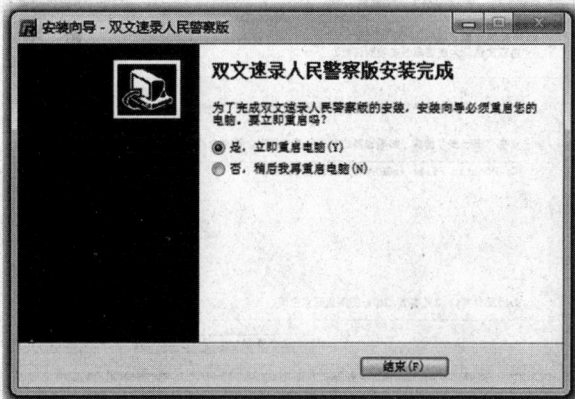

图2-6

2. 网络注册版

（1）双击"双文速录．exe"，出现如图 2-7 所示界面。

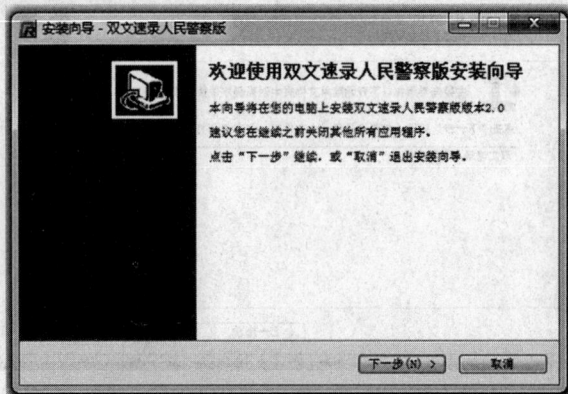

图 2-7

（2）点击"下一步"，如图 2-8 所示。单击"我接受协议"。

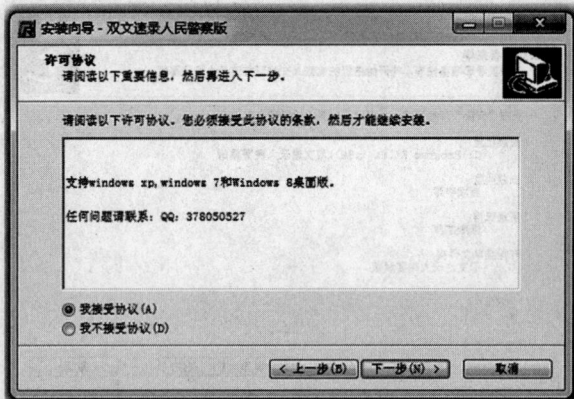

图 2-8

（3）选择安装路径，点击"下一步"，如图 2-9 所示。

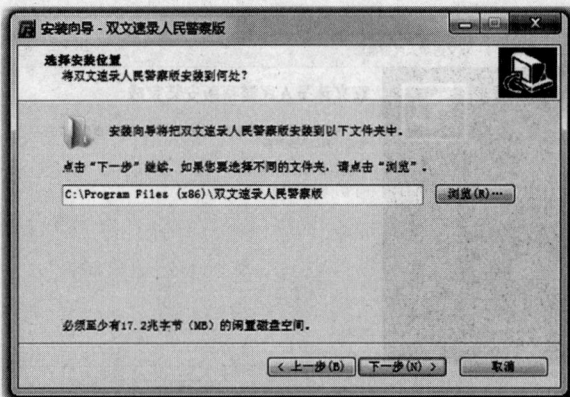

图 2-9

（4）点击"下一步"，如图 2-10 所示。

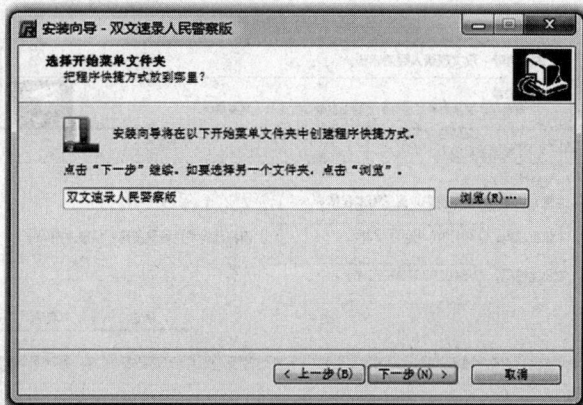

图 2-10

（5）点击"安装"，如图 2-11 所示。

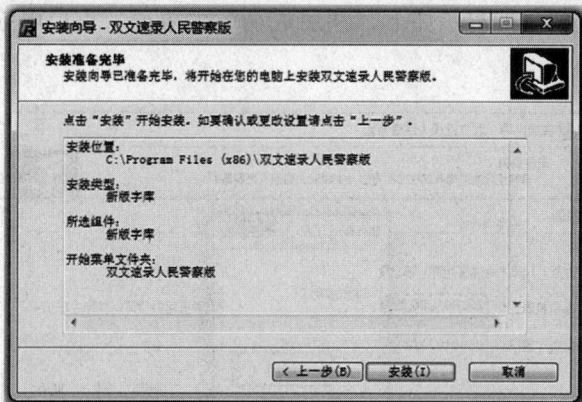

图 2-11

（6）生成本机机器码。将本机机器码复制，发送给软件公司客服，如图 2-12 所示。客服 QQ：378050527（双文速录）。

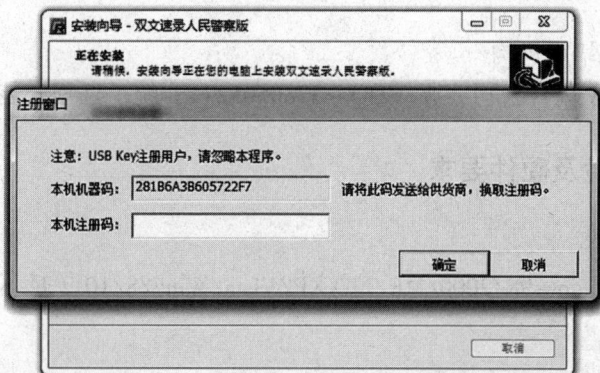

图 2-12

（7）软件公司客服根据机器码将注册码回传，将注册码复制、粘贴至对话框内，如图2-13所示。

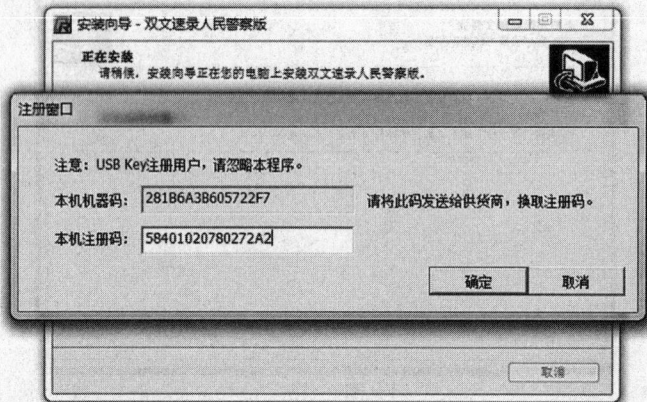

图2-13

（8）单击"确定"，即显示如下"注册成功"的界面，重启电脑后即可使用软件，如图2-14所示。

图2-14

3. 学校机房或培训机构

机构用户请联系软件公司客服（QQ：378050527），统一远程安装。

三、运行环境及硬件要求

（一）系统环境

操作系统：Windows98/2000/ME/NT/XP/Vista/Win7/8/10（暂不支持苹果公司的OS系统）

（二）硬件要求

1. CPU：主频1000MHz及以上

2. 内存：128MB（最好 256M 以上）

3. 硬盘：100MB 以上剩余空间

四、双文速录软件训练系统的安装和使用

双文速录练习系统是北京从然数码科技有限公司为广大计算机速录学习者学好双文速录并配合国家速录职业技能等级考试而推出的有针对性的专业练习平台，是一款功能齐全，练习素材丰富，界面美观，集指法练习、字词练习及速录员、速录师和高级速录师测试于一体的练习系统。

（一）软件的安装与卸载

1. 系统要求

简体中文：Windows/98/NT/2000/2003/ME/XP/Vista/Win7/Win8/Win10（暂不支持苹果公司的 OS 系统）。

配置文件：Framework.net 3.5。

2. 硬件配置

CPU：2.0GHz；

内存：256M；

硬盘：500M 空间；

其他设备：鼠标、声卡、耳麦。

3. 软件安装

（1）双击"双文速录.exe"文件，会出现如图 2-15 界面：

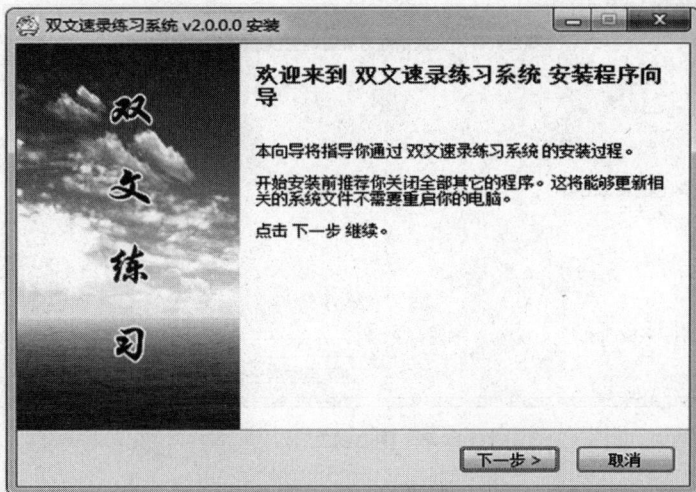

图 2-15

（2）点击"下一步"，会出现选择安装的路径，系统默认的路径是 "C：\Program Files\北京从然数码科技有限公司 \ 双文速录练习系统"，如果不想安装在默认的路径下，可以选择"浏览"，选择想安装的路径，界面如图 2-16 所示：

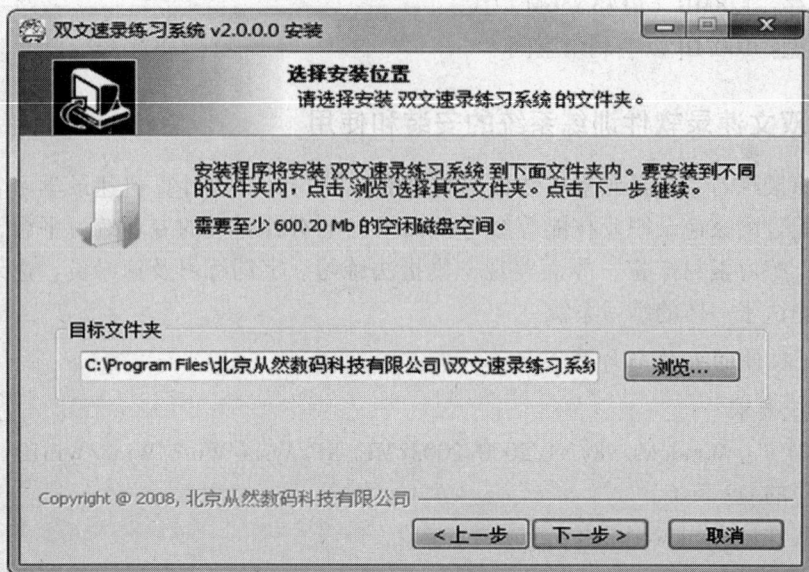

图 2-16

（3）点击"下一步"。在下一步会提示"是否创建快捷方式"，显示在桌面上，如果选择就在其前面点击一下，前面的方框中就会显示"√"，界面如图 2-17 所示：

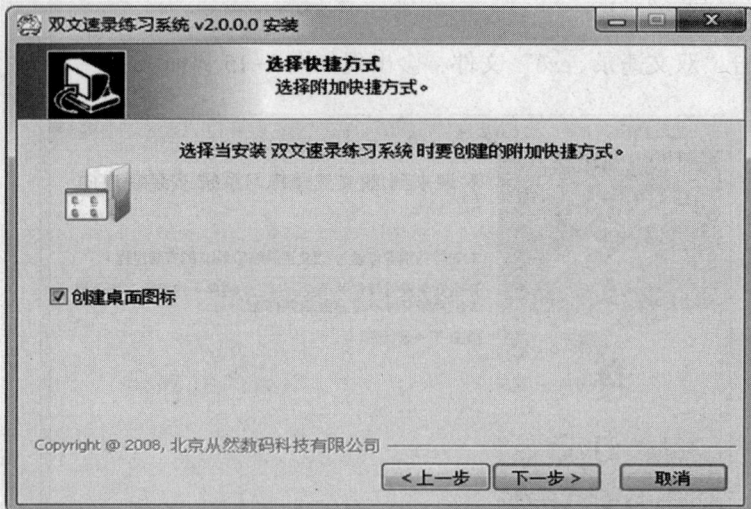

图 2-17

（4）选择"下一步"，再选择"下一步"，然后选择"安装"。会出现安装界面，显示安装进度，直到安装结束，然后选择"完成"。界面如图 2-18、2-19 所示：

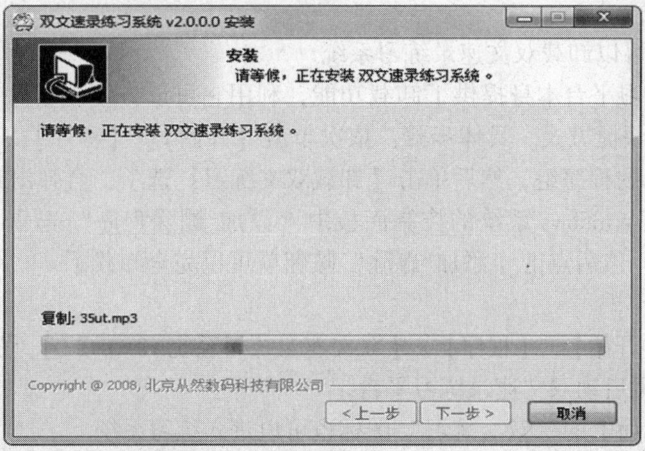

图 2-18

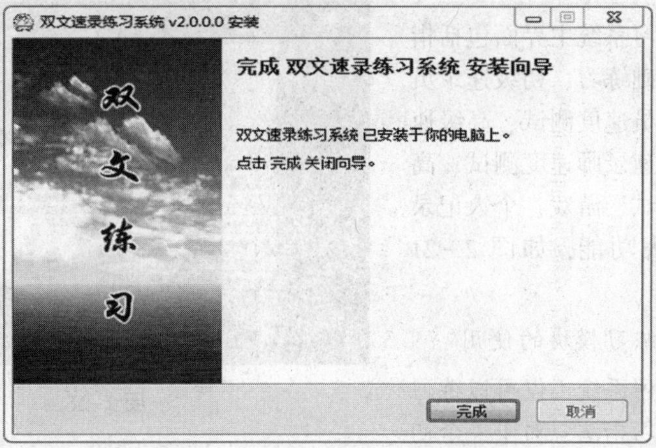

图 2-19

　　到目前为止，本机系统上已经安装好了"双文练习"平台。在桌面上会显示"双文练习"平台的图标，双击"双文练习"系统会进入练习系统界面，界面如图 2-20 所示：

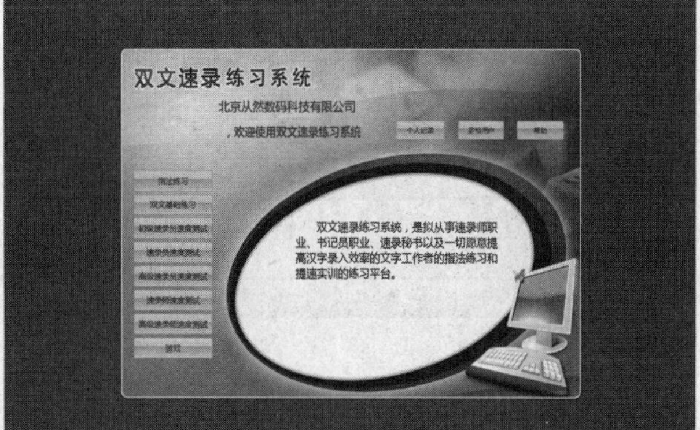

图 2-20

4. 软件卸载

有两种方法可以卸载双文速录练习系统。

（1）双文练习平台本身提供了卸载功能，利用它可以方便地删除双文练习的所有文件、程序组或快捷方式。具体步骤：依次单击【开始】/【程序】/【双文速录练习系统 v2.0.0.0】的程序组，然后单击【卸载双文练习】选项，会弹出卸载程序界面。

（2）可以在 Windows 系统的控制面板中"添加/删除程序"选中"双文速录练习系统 v2.0.0.0"，然后点击"添加/删除"按钮就可以完全卸载了。

5. 软件运行

（1）单击【开始】/【程序】/【双文速录练习系统 v2.0.0.0】程序组，然后单击【双文练习】即可启动双文速录练习平台。

（2）双击桌面上的"双文练习"图标也可以进入练习系统。

（二）主界面窗口介绍

双文速录练习系统主界面包括指法练习、双文基础练习、初级速录员速度测试、速录员速度测试、高级速录员速度测试、速录师速度测试、高级速录师速度测试、游戏、个人记录及更改用户几大功能，如图 2-21 所示。

（三）指法练习模块的使用

双文速录练习系统不仅可以练习中文，也可以练习指法，对于一个初

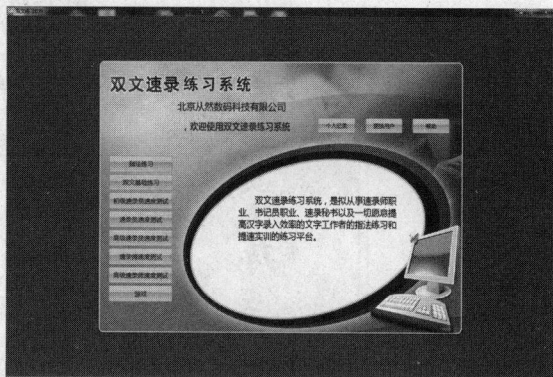

图 2-21

学者来讲，学好速录就必须先从指法开始练习，只有指法掌握好了才可以进行中文速录的练习。点击主窗口上的"指法练习"按钮进入指法练习界面，如图 2-22 所示：

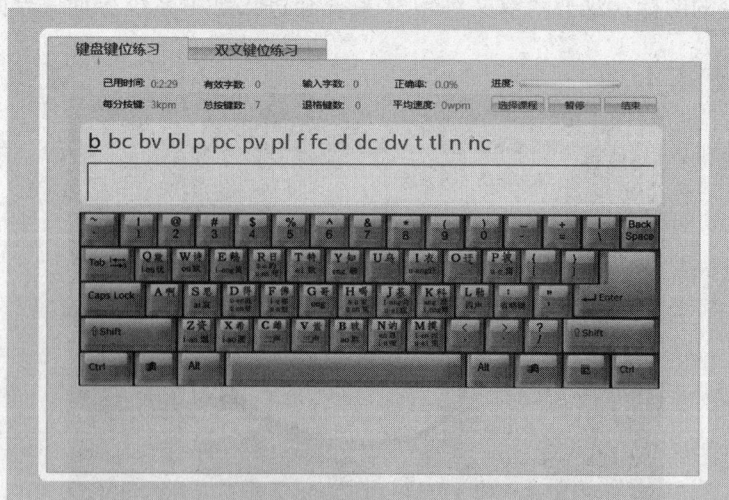

图 2-22

在指法练习界面中有键盘键位练习和双文键位练习两种方式。

1. 键盘键位练习

进入"键盘键位练习"模块，界面会显示下面几个字段，如图 2-23 所示：

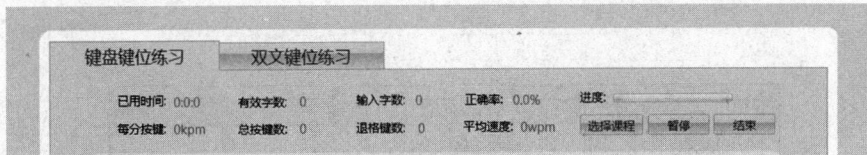

图 2-23

在练习键位时，可以根据要求选择自己想练习的课程，点击"选择课程"，如图 2-24 所示：

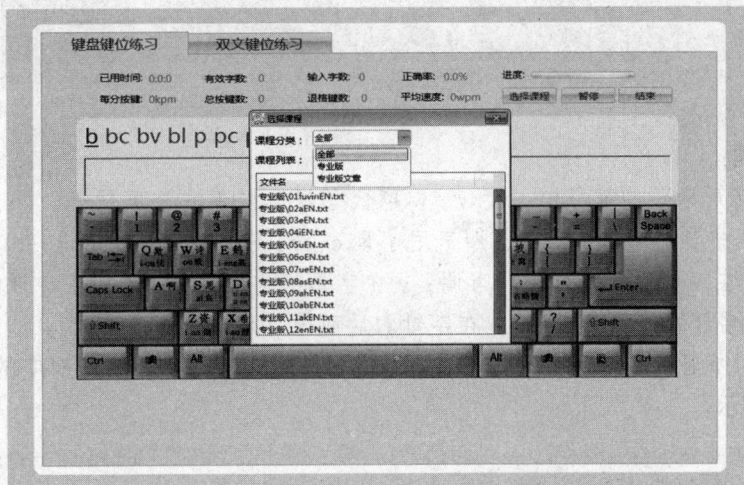

图 2-24

在课程选择中有"课程分类"，默认为"全部"，用鼠标点击下拉菜单可进行选择，菜单里面分为"专业版"和"专业版文章"两种。下面是具体的课程，然后双击所要选择的课程，所选中的课程的内容就会显示在键位练习界面上，在所要练习的区域内点鼠标会有个黑色的鼠标指针在闪动，这时就可以进行键位的指法练习了。随着练习的启动，上方字段所对应的数值也会随着练习的变化而改变。

2. 双文键位练习

双文键位练习模块练习的目的是熟悉和巩固双文速录原理键位变化，通过键盘的直观练习起到潜移默化的作用。这个模块的课程分类主要有声母、声母和韵母相拼及韵母几类。双击所要选择的课程，所选中的课程的内容就会显示在练习界面上，在所要练习的区域内点鼠标会有个黑色的鼠标指针在闪动，然后就可以进行键位的指法练习了。练习一个键位后按空格键过渡到下一键位的练习上，在练习中如果输入有误，光标会跳转到下一个练习框中，这时前面输入错误的地方是无法改正的，只有当光标没有跳转到下一个练习框中才可以进行修改，如图 2-25 所示：

图 2-25

注意事项：

在辅音（声母）的练习中，y、v、w 取代了汉语拼音的双声母 zh、ch、sh 的读音和用法；汉语拼音的二声、三声、四声用字母 c、v、l 代替。也就是说，c 在字母的前面读"呲"，在字母的后面是二声声调；v 在字母的前面读"吃"，在字母的后面是三声声调；l 在字母的前面读"了"，在字母的后面是四声声调。

在练习时所显示的是汉字时，在对应的练习框中应该输入该字所对应的双文字母，如图 2-26 所示：

图 2-26

在辅音和元音相拼的模块中，界面显示汉语拼音的拼音字母组合，在其练习的对应框中输入和其相对的双文字母组合，如图 2-27 所示：

图 2-27

　　在练习时显示的是汉字时，在对应的练习框中应该输入该字所对应的双文字母，如图 2-28 所示：

图 2-28

（四）双文基础练习

　　双文基础练习主要是为初学双文速录的学员进一步巩固和熟悉拼写语词而设计的。点击主窗口上的"双文基础练习"进入双文速录基础练习模块，界面如图 2-29 所示：

图 2-29

这个练习模块可以进行大量的速录素材练习，其中包括单字、二字词、三字词、四字词、多字词及各种类型的文章。可以通过"选择课程"按钮来选择自己需要的素材。

（五）速度测试

速度测试模块，主要是根据速录师国家职业资格考试样题和速录师国家题库的级别所设置的模拟训练和测试，其中包括初级速录员、速录员、高级速录员、速录师和高级速录师五个级别的训练。其操作方法与界面保持一致，只是所选择的级别和规定的速度不同。文章素材可以选择，录入过程中可选择暂停和结束。下面就以初级速录员速度测试为例来阐述其功能和使用方法，功能界面如图 2-30 所示：

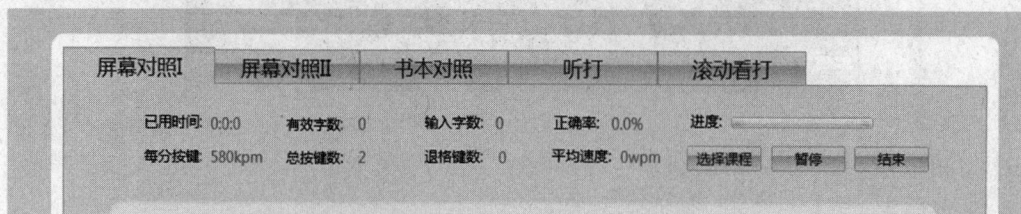

图 2-30

在速度测试模块中，分为屏幕对照、书本对照、听打和滚动看打几种模式。

屏幕对照模式有屏幕对照Ⅰ和屏幕对照Ⅱ两种模式。

屏幕对照Ⅰ分为两屏，上方显示所有要录入的内容，录入区在下方，如图 2-31 所示：

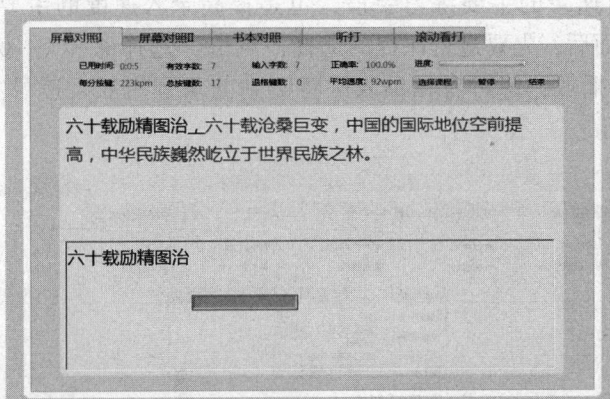

图 2-31

屏幕对照Ⅱ是逐行进行练习录入，如图 2-32 所示：

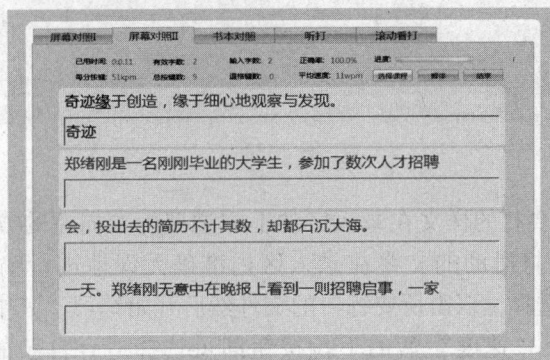

图 2-32

书本对照就是我们平时说的对照书来看打，在这个练习模式下正确率是不存在的，显示的是 100%，界面如图 2-33 所示：

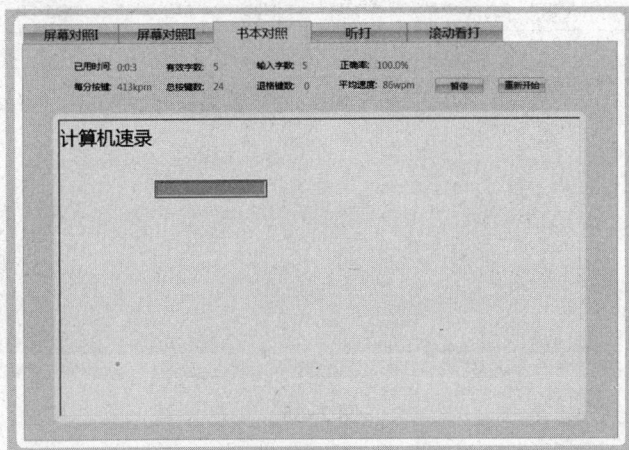

图 2-33

　　听打是计算机速录的主要练习手段，也是提高录入速度的主要方法。点击"听打"，进入听打界面后，先要进行课程的选择，点击"选择课程"，双击所要练习的内容，随后会有声音播放，练习者在录入区将听到的录音用双文速录方法转换成文字。界面如图 2-34 所示：

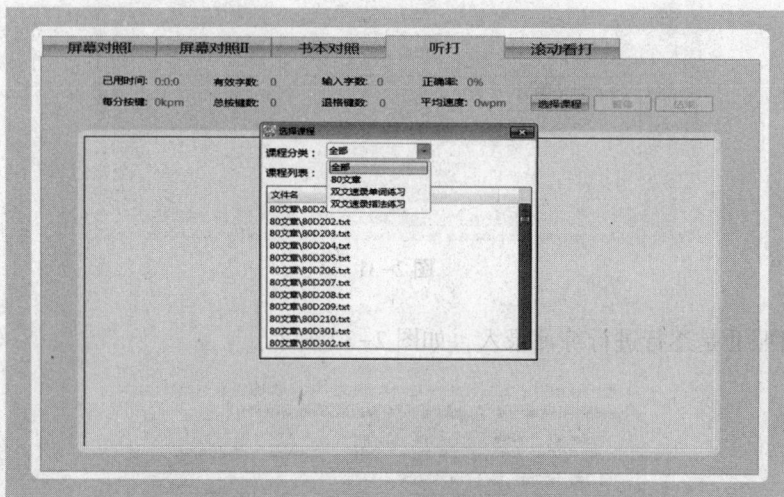

图 2-34

　　滚动看打是指所要打的样文在录入区的上方遵照由右向左的方向按规定的速度进行滑动，要求录入者将滑动的文字在录入区内准确无误地进行输入。样文可以点击"选择课程"处进行选择，双击所要练习的文件然后开始练习。其中滑动的速度可以进行调整（选择界面上"速度"后的下拉按钮即可选择适合自己的速度）。界面如图 2-35 所示：

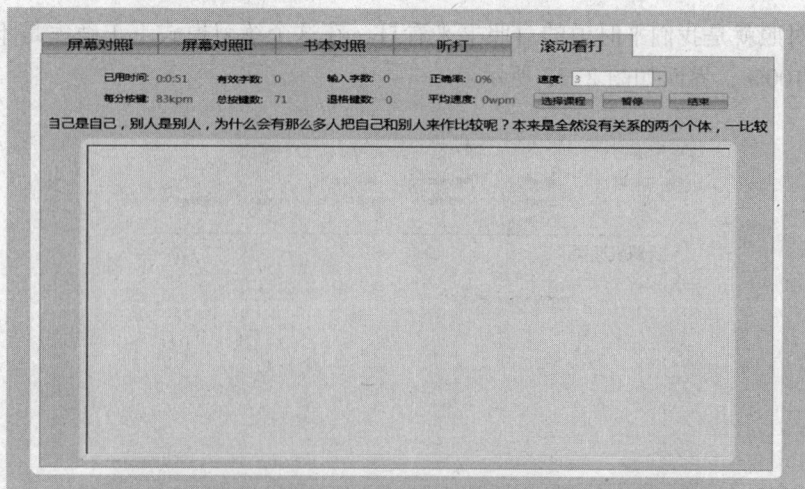

图 2-35

（六）游戏

当学员练习感到枯燥的时候，适当放松一下玩玩小游戏也是不错的选择。双文速录练习系统给学员设置了一个既能放松又能巩固指法知识的小游戏。这个游戏是飞机从空中飞过，投下带有字符（汉字）的"炸弹"，通过键盘键位输入"炸弹"对应的字符（汉字），所投落的"炸弹"即可以安全解除。这既有对准确的要求又有对速度的要求。投落"炸弹"的数量和速度可以通过"选择"项来确定。界面如图 2-36 所示：

图 2-36

五、对学员进行摸底测验

计算机速录技能对于人的综合素质要求较高。针对培训课时、培训要求的不同，任何一个计算机速录培训班在开班前，计算机速录教师都要对学员进行摸底测验。

（一）摸底测验的目的

计算机速录技能是以听录为核心的技能，摸底测验是对学员进行综合摸底，以便在教学过程中有的放矢。譬如，学员是否存在听力障碍？是否具备"盲打"基础等。

（二）分组学习

针对摸底测验的结果，将有指法基础能够"盲打"的学员分成一组、将"一指禅""二指禅"的学员分成一组进行分组学习。所谓"一指禅""二指禅"，是指只用右手食指或左右两手的食指击键，不能将十个手指按照标准的指法要求合理地分布在键盘键位上。没有指法基础不具备"盲打"能力的学员首先要过指法基础关后才能进入速录课程学习。

有良好指法基础的一组和没有指法基础的一组，两者之间根据年龄的差异起码需要 16~80 个课时才能平衡。也就是说，没有指法基础不能"盲打"的学员须从零开始，而有指法基础能够"盲打"的学员可以直接进入速录课的学习。由此可见，具备良好的指法基础能够"盲打"，对于掌握计算机速录技能是多么重要。

（三）摸底问答表的样式

表 2-1　计算机速录培训班学员基本情况表

NO：

姓名	性别	学历	民族	工作单位	身份证号	联系电话

回答下列问题：

一、是否了解速录？

二、打字时用的是何种输入法？

三、是否具备"盲打"基础？

四、听力是否存在障碍？

五、击键频率：键次/分钟？

第三单元　标准指法

学习难点

*十个手指与键位的分工。

*具备"盲打"基本功，达到有序击键频率在 260 个字母/分钟以上。

标准指法在各行业出版社出版的同类教材中都有介绍，教师要根据"计算机速录培训班学员基本情况表"得到的回答因材施教。所谓因材施教，就是根据学员的指法情况作出有针对性的教学安排。对那些没有任何指法基础的学员要进行指法训练，也就是明确十个手指与计算机键盘键位的分工，并达到"盲打"程度。指法训练要与学习双文速录的辅音、声调、隔音号、单元音、双元音、拼音元音以及拼音、数字、标点符号的读音与键位的对应同步进行。对那些已有指法基础并能够"盲打"的学员在掌握辅音、辅音+声调，元音、元音+声调，双元音、双元音+声调，拼音、拼音+声调的原理后可以直接进行汉字的单词录入训练。

第一节　手指与键位

一、掌握正确的键盘操作姿势

上身要挺直，稍偏于键盘左方，全身重心置于椅子上，两手自然放松，十指自然弯曲地轻放于基准键上。击键时要保持相同的击键节拍，要轻击键位，不可用力过大。椅子高度、键盘、显示器的高度和距离要适度，眼睛与显示器之间的距离一般要保持在 25~35cm，两脚平放在地面上。手腕及肘部要成一条直线，基准键与手指对应位置如图 3-1 所示。

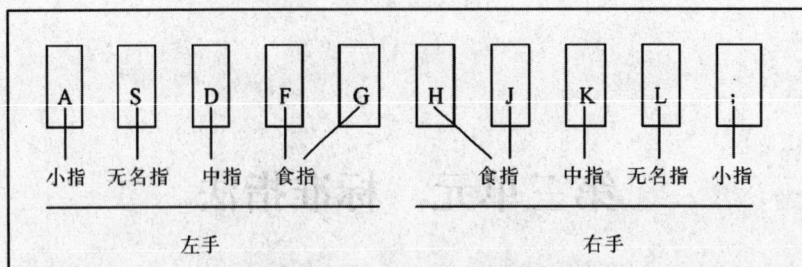

图 3-1   基准键与手指对应位置

二、掌握十个手指与键位的分工

正确的指法有助于各手指间的协调，能够分工有序、张弛有度、节奏和谐。

掌握双文速录技术的基础是能够"盲打"。所谓"盲打"，是指在击键时不看键盘就能正确、迅速地击键。"盲打"主要是培养手对键盘的感觉，将手锻炼得像眼睛一样精确，用思维控制双手。良好习惯的养成应该从接触键盘"盲打"时开始，用感觉去打。

指法的"盲打"训练是一个十分枯燥的练习过程，希望每一位学习者都能正视并努力练习，一定要尊重教师意见，努力达到盲打要求，打下掌握计算机速录技能的基本功。

在计算机上熟练、快速地录入各种数据，如文字、数字等，必须掌握正确的键盘操作指法。键盘操作指法是将键盘上字符键区的各个键位合理地分配给双手各手指，使每个手指分工明确、有条不紊。

手指分工：左手食指负责 4、5、R、T、F、G、V、B 八个键，中指负责 3、E、D、C 四个键，无名指负责 2、W、S、X 四个键，小指负责 1、Q、A、Z 及其左边的所有键位；右手食指负责 6、7、Y、U、H、J、N、M 八个键，中指负责 8、I、K 及，四个键，无名指负责 9、O、L 及。四个键，小指负责 0、P、；、/及其右边所有键位。

不击键时，手指放在基准键上，其中 F、J 键是中心键（其键面上有一条小小的横杠）。击键时手指从基准键位置伸出，左右手的手指位置如图 3-2 所示。

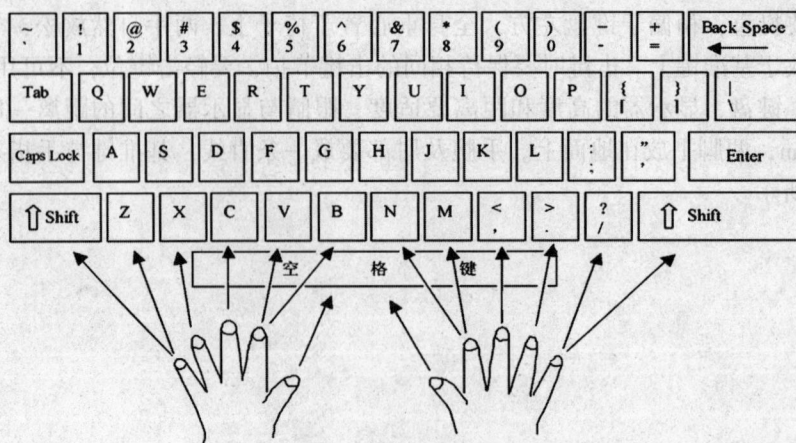

图 3-2   手指与键位分工

操作时两眼应看屏幕而不看键盘，双手手指按分工击相应的键位。"盲打"训练可养成良好的操作习惯，使击键快速准确。

三、掌握"盲打"基本功

在进行录入训练时，要严格按照各手指的分工去击键，养成良好的习惯。

指法和"盲打"训练可以通过两个步骤实施。第一个步骤：采用双文速录指法训练软件练习"盲打"，使"盲打"字母的击键频率达到每分钟 260 键以上。第二个步骤：将双文速录的辅音、元音按下列要求看打和听打（听录音），要求击键准确，击键频率达到每分钟 260 键左右。

第二节　速录难点与实训

学员要坚持按照教师要求的标准指法进行练习，大约在经过 8~16 课时的强化训练后，没有指法基础的学员基本上能够达到盲打水平，只是手指的击键速度以及声音与键位的对应速度还有待提高。

将十个手指的分工与字母读音和键位相对应，特别是没有指法基础的学员，一定要使某一个手指在所负责的区域内进行单一的字母读音与键位相互对应的练习，待熟练后再进行十个手指字母读音与键位对应的综合练习。

要按照双文速录辅音、元音的读音与 26 个字母键位相对应以及将标点符号、数字的读音与标点符号键和数字键相对应的方法进行"盲打"训练。实际上，这种"盲打"训练就是速录技术实训方法的一种，手指与读音对应的字母（包括符号、数字）在击键时要映射准确。从听到读音到头脑与键位的映射再到十个手指准确快速地击键是一个需要强化训练的过程。

一、双手小指的练习

注意：要按照双文速录的拼音读。A（阿）、Q（七）、Z（资）、P（颇）、；（分）、'（引）、，（逗）、。（句）、／（杠）等。

```
    AAQZ  AP; Z  PQ; Z  PPQQ  PQQP  AQ; A  ZP; Q'
QZP  APPA  ZQPP  ;; PZ  PPZA  ZP; Q  Z'QA  ; QQ;
A; A'  A'PQ  Q; AA  Q'AZ  AP; Q  PQ; Z  PP; Q  P'
QP  A; PA  ZP; Q  'QZP  ZQPP  ;; PZ  PPZA  ZP; Q
QQ;;  APPA  ZQA'  QZQ;  A'PQ  QZA;  APZ;  A'
PQ  PPQQ  QPA;  AAQZ  A'QA  AP; Z  PQ; Z  PQQP
AQ; A  ZP; Q  'QZP  APPA  ZQPP  A; PZ  PPZA  ZP; Q
  AZQA  ; QQ; A11Z  P; ;' QPPQ  1/1/  z/z/,,  .. P;; P
APPA  Q? Q'  QZPZ  ZPZQ  P-P-  QPQP  Z?,.'PQ1
```

二、双手无名指的练习

注意：要按照双文速录的拼音读。W（诗）、S（私）、X（西）、O（吁）、L（了）和。（句）等。

```
    WXSL  WOX.  WSXO  OXSL  .OXS  OXLS  WXSL
XXLO  XSLS  OWX.  SO.X  XSOW  XSOO  XWSO  S.XL
X.SW  XO.W  XW.O  XSXS  XXXX  XWWX  O..O  L..O
LLSS  XSOW  XOXW  XOXO  X.XW  SXWS  XWXW  XSXW
    XOXS  XOWS  XOWS  XXWW  XXSS  SSOO  XSXO  XSWO
    XSWO  XWSX  XWSX  XWSO  XWSX  XWOS  XWXS
WXSL  WOX.  WSXO  OXSL  .OXS  OXLS  WXSL  XXLO
XSLS  X.OW  SOX.  XSOW  XSOO  XWSO  S.XL  X.SW
XO.W  XW.O  XSXS  XXXX  XWWX  O..O  L..O  LLSS
SSLL  XOXW  XOXO  X.XW  SXWS  XWXW  XSXW  XOXS
    XWSX  XWSO  XWSX  XWOS  XWXS  WXSL
```

三、双手中指的练习

注意：要按照双文速录的拼音读。E（婀）、D（的）、C（疵）、I（一）、K（科）、，（逗）等。

```
    ECDI  EECC  ECDD  EDCC  EIKD  EI,K  E,,E
EECC  ECKI  EK,I  EKCI  EECD  EKID  EKID  ECID  EKIC
    EKIC  KKII  EEDD  EKID  CCDD  CDIK  IIDD  IDIK  EE,,
    EEKK  EKIC  EICD  E,ID  ECDI  ECED  ECEI  EIEC
EEII  ECIK  ECIK  EEII  EEDD  EEII  EEIK  EECC  EEIK
ECID  EKIC  EKIC  KKII  EEDD  EKID  CCDD  CDIK  IIDD
IDIK  EE,,  EEKK  EKIC  EICD  ECDI  EECC  ECDD
EDCC  EIKD  EIK,  EE,,  EECC  ECKI  EKI,  EKCI  EECD
    EKID  EKID  E,ID  ECDI  ECED  ECEI  EIEC  EEII  ECIK
ECIK  EEII  EEDD  EEII  EEIK  EECC  EEIK  ECID  EKIC
EKIC  KKII  EEDD  EKID  CCDD  CDIK  IIDD  IDIK  EE,,
EEKK  EKIC  EICD  ECDI  EECC  ECDD  EDCC  EIKD  EIK,
EE,,  EECC  ECKI  EKI,  EKCI  EECD  EKID  EKID
```

四、双手食指的练习

注意：要按照双文速录的拼音读。R（日）、F（佛）、V（吃）、T（特）、G（歌）、B（波）、U（屋）、J（鸡）、M（摸）、Y（之）、H（喝）、N（呢）等。

```
    TGFJ  FJYU  RMJF  RVMU  RJFJ  RUFM  RVUV
```

JFYT JMHN JFGH FURU VUVR FUJV YMFJ RMVB
BJFU NBHG RVNB RUYG BNHG UYGH UYTH RYUJ
RJHJ RJUH RHGM RGHB RGUN RGUN RGYB
RHGN RHGU BHRY TYGH RJGY UBNT BGNH RYTG
RYTB VNGY VFYN BNTY TGFJ FJYU FVUJ RVMU
RUFM RFUV JFYT JMHN VUVR FUJV YMFJ RMVB
BJFU NBHG RVNB RUYG RJFG BNHG UYGH UYTH
RYUJ FGHG RJHJ RHGM RGHB RGUN RGYH
RGYB RHGN BHRY TYGH RJGY UBNT GHUF BGNH
RYTG UJMV RYTB VNGY VFYN BNTY TGFJ FJYU
FVUJ RMJF RVMU RJFJ RUFM RVUV RFUV JFYT
JMHN JFGH FHGJ FURU VUVR FUJV YMFJ RMVB
BJFU NBHG RVNB RUYG RJFG HJGB BNHG UYGH
UYTH RYUJ FGHG RJHJ RHGM RGHB RGUN RGUN
RGYH RGYB RHGN BHRY TYGH RJGY UBNT GHUF
BGNH RYTG UJMV RYTB VNGY VFYN BNTY

五、双手十指的综合练习

双手十指的综合练习是指十个手指对计算机键盘所有键位有序击键的综合练习，旨在训练十个手指的分工协调性和灵活性。值得说明的是，这种十指的综合练习，事实上就是汉字速录实训的一种方法，如果在双文速录软件应用的状态下，某些字母的组合实际上就是汉字的单词或短语，譬如，slwc 四十（四时、巳时）、ylic 质疑（置疑）、qvil 起义（起意）、tbmw 特别茂盛、dklq 堕坑落堑、cqbf 采取办法（此起彼伏）、hilo 胡言乱语。

YCWX XMBKDI UIYI CKLX NNKG YUBW JNFD
MMUU LRFV AADB NOBY AAZZ JLIT S'J SQHL
YNGN MCWL JQQD GHKC GHKV W、BW /MFY4
QWBX HGLD HTXH LLDZ RMB；BDBW 1234O 1987N
1O2R WLWV 6N7O5R TAXZL OVIV MLQL

XCQL UIBL QTDW RLFZ EJVB UIDD ZOFF QTWZ
YXWI KBKI ASTI XXYY ZUXI CWCK QPLHH ELSZ
TJKST ESEBI XIPP 4、56 VQPB PFVY NLBU GCWL
W'G

六、有关双文速录听打训练软件与指法训练的说明

21 个辅音（声母）和 35 个元音（韵母）的二字词录音在双文速录练习软件"初级速录员速度测试"听录模块中练习，如图 3-3 所示。录音速度分别是 60 字/分钟、

70 字/分钟和 100 字/分钟，练习顺序是从"1 辅音"一直到"36uy"，要按照双文速录原理的辅音、辅音+声调，元音、元音+声调等方法输入字母。将 21 个辅音（声母）和 35 个元音（韵母）练习达到 100 字/分钟的录音速度时为止。这样就可以在指法训练完成后，在学习双文速录原理时直接进入文章的速录实训。

听录这些文件时，也可采用屏幕对照的方法练习看打，但要以听打为主。

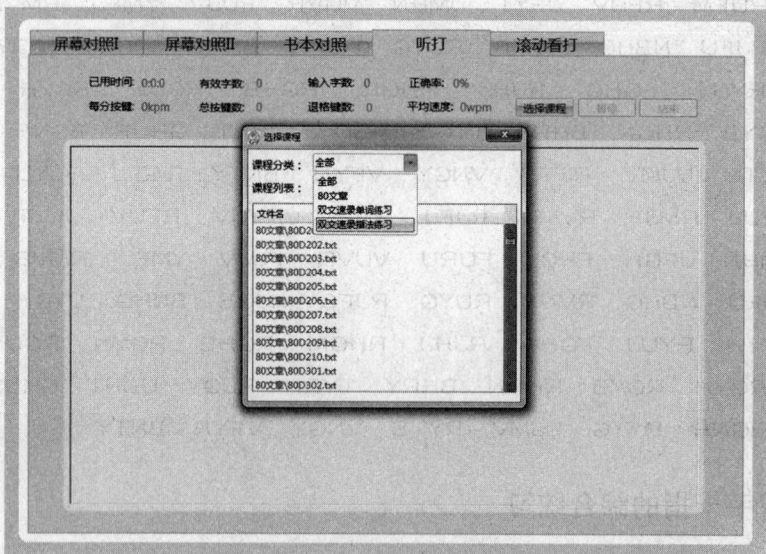

图 3-3

第四单元　辅音、声调、隔音号速录方法

学习难点

＊y、v、w取代《汉语拼音方案》zh、ch、sh 的读音和用法。

＊c、v、l 既是辅音呲（ci）、吃（chi）、勒（le）的读音，又是二、三、四声的声调。

＊正确使用隔音号。

第一节　辅音速录方法

什么叫辅音？辅音发音短促，它在《汉语拼音方案》中被称作声母，共有 21 个。辅音与《汉语拼音方案》对照及在键盘键位的分布：b（bo）、p（po）、m（mo）、f（fo）、d（de）、t（te）、n（ne）、l（le）、g（ge）、k（ke）、h（he）、j（ji）、q（qi）、x（xi）、z（zi）、c（ci）、s（si）、y（zhi）、v（chi）、w（shi）、r（ri），其中y、v、w 代表了《汉语拼音方案》的 zh、ch、sh。辅音在计算机键盘的键位分布如图4-1 所示：

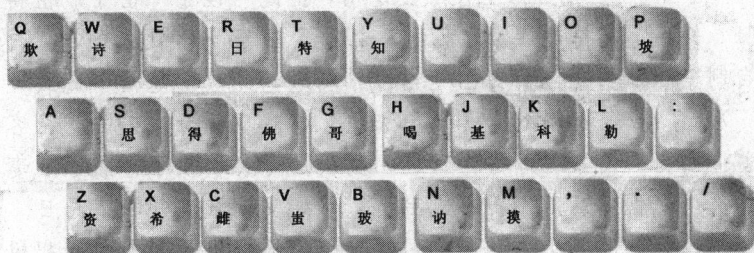

图4-1　辅音键位图

《汉语拼音方案》中辅音（声母）字母作为独立发音的音节时，它们的后面为什么分别加有 o、e、i 三个元音字母？例如：bo、po、ge、ke、zi、ci，其实它们之间没有拼音关系，只是为了在该字母上面标识一、二、三、四声的声调符号。双文速录的辅音既是与元音相拼的音素单位，又是能够独立应用的语素单位，就像我们看到辅音字母 b 就能立即读出"波"音、看到辅音字母 q 立即能读出"七"音、看到辅音字母 z 立即能读出"兹"音一样。

第二节　声调速录方法

双文速录的声调符号由辅音字母 c、v、l 放在辅音字母的后面分别代表汉语拼音的二、三、四声声调，一声和轻声不标调。例如：

一声：b 波　p 泼　m 摸　f 　　d 的　　　c 呲　v 吃　w 诗
二声：bc 博　pc 婆　mc 模　fc 佛　dc 德　　cc 词　vc 迟　wc 时
三声：bv 跛　pv 叵　mv 抹　fv 　dv 　　cv 此　vv 尺　wv 史
四声：bl 擘　pl 破　ml 莫　fl 　dl 嘚（瑟）cl 次　vl 赤　wl 市

从上述举例可以看出，有些汉语语音没有对应的汉字〔如 f 的一声（f）、三声（fv）、四声（fl），d 的三声（dv）〕。

标识声调对应用汉语汉字来讲不仅能起到正音作用，还能起到明确四声同音字、同音词在计算机数字键的选项作用。

c 在字母的前面读汉语拼音的 ci，在字母的后面是二声声调；v 在字母的前面读汉语拼音的 chi，在字母的后面是三声声调；l 在字母的前面读汉语拼音的 le，在字母的后面是汉语拼音的四声声调。例如：hccc（核磁）、ccql（瓷器）、gcvv（格尺）、kvvv（可耻）、llz（乐子）、bcll（伯乐）、qvwl（启示、岂是、起事、起誓、启事）、mlml（默默）、wcq（时期）、wlql（士气）。

把下列辅音、辅音+声调所组的词读准、打熟（教师可采用一边朗读，一边在白板上用拉丁文写出单词的方法听录）：

日志　日期　日记　日子　昔日　日食　时日　十四　誓死
诗词　师资　逝世　实时　实施　食指　实质　士气　时期　实际
时机　适合　世纪　时刻　诗歌　使得　石佛　石磨　识破　赤
日　赤子　赤字　尺子　吃喝　致死　值此　侄子　值了　值得
值日　知识　支持　四十　四喜　四哥　四至　司机　自此　自私
自制　子时　资格　自己　自习　刺激　此次　慈禧　此致　次
之　次日　自个　锡纸　喜事　细致　嬉戏　稀奇　袭击　稀客
稀薄　西德　气势　奇特　奇迹　契机　奇袭　棋子　旗子　妻子
其次　气死　旗帜　其实　启示　起始　期末　气魄　忌日　几
日　挤死　祭祀　几次　寄自　虮子　集资　机子　即使　积极
济急　机器　祭旗　鸡西　机智　几只　鸡翅　鸡屎　几时　技师
记事　几何　即可　饥渴　几个　及格　积德　寂寞　击破　缉
私　何日　核实　合适　歌词　刻薄　可惜　科技　客气　可喜
壳子　渴死　可视　合资　核磁　个子　各自　隔阂　格式　格尺
搁置　各级　歌德　隔膜　乐和　讷河　伯伯　饽饽　驳斥　博
士　勃起　脖子　薄膜　伯乐　博客　薄荷　波及　婆婆　破格
婆媳　迫使　默默　默契　末日　莫及　得知　得失　特使　特级
启示　滋事　喜事　磁石　漠视

第三节　隔音号速录方法

隔音号是拼音文字常用的一种符号，起防止字母读音的界限发生混淆的作用。双文速录的隔音号是右手小指所负责的区域单引号（'）键。使用隔音号有三种情况：

第一，前后两个字母有拼音关系，如 g'g（哥哥）、b'b（饽饽）、m'm（摸摸）、u's（钨丝）、s'j（司机）等。上述举例中前后两个字母（语素）之间如果不加隔音号，其读音就变成了缩略首字母是相同的几组二字常用词或前后两个字母拼音相同的单字以及该单字读音相同的同音字。如 g'g（哥哥）一词不加隔音号就是成了 gg（1. 改革，2. 公共，3. 各国，4. 巩固，5. 功过，6. 敢干，7. 宫，8. 龚，9. 供，0. 工），前 6 条词都是缩略首字母相同（gg）的常用词，后 4 个字是两个字母相拼（gg）时读音相同的同音字。b'b（饽饽）一词不加隔音号就成了 bb（1. 并不，2. 不变，3. 不便，4. 颁布，5. 遍布，6. 被捕，7. 版本，8. 弊病，9. 卑鄙，0. 包），前 9 条词是缩略首字母相同（bb）的常用词，后一条是两个字母相拼时的同音字（与包字同音的同音字需翻页）。m'm（摸摸）一词不加隔音号就成了 mm（1. 秘密，2. 美满，3. 美梦，4. 密码，5. 买卖，6. 麻木，7. 冒昧，8. 慢慢，9. 茂名，0. 盲目），m 与 m 相拼时一声和四声没有汉字，二声（mmc 民……）、三声（mmv 敏……）都有若干同音字，因而将 mm 全部设置为缩略首字母是二字的常用词。

第二，前一音节没有声调字母，后一音节的首字母是声调字母 c、v、l 的，如 g'cc（歌词）、w'cc（诗词）、y'vc（支持）。

第三，前一音节只有一个字母的，如 j's（缉私）、j'pl（击破）、j'dc（积德）、j'kv（饥渴）、j'x（鸡西）、g'yl（搁置）、u'pc（巫婆）。

为了强化对 y、v、w 的记忆，可以编若干组由 y、v、w 组成的词语作为练习材料，边读边打，练若干遍。例如，知识（y'w）、知己（y'jv）、机智（j'yl）、几支（jvy）、可耻（kvvv）、格尺（gcvv）、启齿（qvvv）、鸡翅（j'vl）、私事（s'wl）、四十（slwc）、死时（svwc）、时机（wcj）、时期（wcq）、石器（wcql）、士气（wlql）、实际（wcjl）、计时（jlwc）、鸡屎（j'wv）、几时（jvwc）、及时（jcwc）、记事（jlwl）、磁石（ccwc）、此时（cvwc）、刺激（clj）等。

说明：

有方言的学员开始时可能对使用声调字母不习惯，但一定要养成准确使用声调字母的习惯。声调字母是准确输出单字（非高频字）和双音节词（非缩略词）的有效手段。双文速录软件是建立在普通话基础上的速录软件，教师一定要让学员在彻底掌握声调字母的使用后再进行下一节的学习。

第五单元　元音速录方法

学习难点：

*辅音与拼音元音相拼时的进一步省略。这种省略没有什么规律，必须死记硬背。

元音与辅音比较而言，元音发音响亮、可唱、可延长。双文速录所说的元音就是《汉语拼音方案》的韵母。

双文速录的元音分为三类，即单字母元音、双字母元音和拼音元音。

第一节　单字母元音速录方法

什么叫单字母元音？单字母元音就是《汉语拼音方案》的单声母，也就是通常所说的开口呼元音 a、e，齐齿呼元音 i，合口呼元音 u，撮口呼元音 o。这 5 个元音的读音与用法如下（括号内为汉语拼音的读音和用法）：

a（a）、e（e）、i（i、y、yi）、u（w、u、wu）、o（yu、ü）

单字母元音在计算机键盘的键位如图 5-1 所示：

图 5-1　单字母元音键位图

将下列单字母元音、单字母元音+声调、辅音与单字母元音拼音、辅音与单字母元音拼音+声调构成的词语读准、打熟。

一、a 组

阿姨　阿哥　八一　八个　拔河　把戏　把持　靶子　爸爸
霸气　扒拉　疤痢　啪啪　怕事　妈妈　发麻　芝麻　大骂　激发
启发　发达　罚没　法医　指法（yvfav）　执法（ycfav）　嗒嗒

軼靷　妲己　发达　打击　打骂　大气　大旗　大姨　大哥　漏了　趿拉（ta'la）　踏步　哪个　那个　拉屎　垃圾　碴子　喇嘛　打杂（gac）　喀嚓　哈哈　哈气　哈（hav）　达　匝匝　杂志　打杂　咋了　摩擦　擦洗　霅（sav）　河　飒飒　诈欺　欺诈　视差　视察　打镲　打岔　杀气　啥事　傻子　沙子　傻事　旮旯

二、e 组

恶意　恶魔　遏制　饿死　企鹅　沙俄　饥饿　折磨　折尺　车辙　褶子　一扯　车子　车马　马车　汽车　彻查　奢侈　舍弃　大赦　特设　射击　鸡舍　测试　一侧　热气　惹气　惹事　惹人　色泽　气色　这支　这只　这时　记者　记着　试着　饿着　起着　骑着　摸着　隔着　合着　合辙　挤着　蛾子

三、i（yi i y）组

一在语境中是个变读音。在双语素词中，后面的读音是四声的，它在前面读二声，如一致（icyl）、一个（icgl）、一会儿（ichjlr）；后面的读音是二声和三声的，它在前面读四声，如一起（ilqv）、一回（ilhjc）、一时（ilwc）；作为汉字的数词时读音是一（i），如一、二，一是一，二是二。

衣钵　姨夫　医德　特意　乐意　各异　可疑　合意　记忆　以及　起义　一起　洗衣　乙烯　疑义　异议　义乌　逼迫　鼻子　笔译　笔记　鄙视　自闭　坯子　脾气　痞子　字谜　大米　秘密　机密　敌视　启迪　底子　弟弟　弟媳　大地　地基　梯子　蹄子　体制　体系　妮子　比拟　腻子　离奇　立意　洗礼　遗物　蚂蚁　一拃（ilyav）　一时　意识　肆意　示意　敌意　歧义　篱笆　巴黎　大敌　打的（di）　大厦

四、u（wu w u）组

巫婆　无疑　无视　无私　无误　不大　大补　无补　布匹　匍匐　菩萨　毡子　母子　木制　墓地　夫妻　服气　父子　支付　师傅　马夫　督促　独立　毒气　赌气　肚子　一度　突击　图纸　土地　土质　兔子　奴役　奴隶　怒气　怒视　怒骂　大怒　炉子　俘虏　辘轳　路堤　陆地　大陆　估计　姑姑　骨气　打鼓　固执　故意　哭泣　哭诉　吃苦　智库　忽视　呼气　几乎　胡子　打虎　客户　大户　部族　补足　阻止　足足　粗俗　粗细　吃醋　苏木　俗气　不俗　起诉　诉苦　嗉子　朱砂　朱德　逐出　蜘蛛　支柱　主义　注视　注释　住宿　出气　出马　移出　初步　不出　支出　破除　发怵（fa'vul）　初始　梳洗　熟悉　读书

图书 著书 暑气 数目 大树 如意 污辱 辱没 孺子 入资 植入 毒蛇 读着 读者 抚着

五、o（yu ü）组

仕女 女婿 鼻衄（bicnol） 侄女 驴子 骑驴 屡屡 吕布 一缕 纪律 律师 墨绿 顾虑 一律 疑虑 移居 起居 居室 局势 举世 句子 聚聚 聚集 屈膝 驱车 驱离 曲艺 曲直（qoyc） 区域 市区 崎岖 智取 娶妻 志趣 去意 去除 除去 虚的 不需 不许 许可 序幕 序曲 胡须 徐徐 迂腐 鱼刺 无余 雨衣 羽翼 谷雨 至于 智育 治愈 觊觎（jloc） 鲫鱼 细雨 玉石 玉器 女厕 鳄鱼 遮雨 富余 渔夫 逝去 去世 歌曲 蛐蛐 女的 继女

第二节 双字母元音速录方法

什么叫双字母元音？双文速录的双字母元音就是由两个字母构成的元音（在《汉语拼音方案》中称为复韵母）。有两种形式，一种是单字母元音 a、e 在前，后面分别附加一个辅音字母；另外一种是由单字母元音 i、u、o 与单字母元音 a、e 和由 a、e 构成的双字母元音相拼构成的元音（见表5-1）。

表5-1 双字母元音汇总表（括号内为汉语拼音方案的用法和读音）

元音	i	u	o
a	ia（ya、ia）	ua（wa、ua）	
e	ie（ye、ie）	ue（wo、o、uo）	oe（yue、üe）
as		us（wai、uai）	
ab	ib（yao、iao）		
ah	ih（yan、ian）	uh（wan、uan）	oh（yuan、üan）
ak	ik（yang、iang）	uk（wang、uang）	
en	in（yin、in）	un（wen、un）	on（yun、ün）
et		ut（wei、uei）	
ew	iw（you、iou）		
ey	iy（ying、ing）	uy（weng、ueng）	
eg	ig（yong、iong）		
er			

在双字母元音中，ey（eng）的一声有一个对应的汉字——鞥，二声、三声和四声各有一个对应的多音汉字——嗯。而 ong 音没有任何对应的汉字，因而用辅音字母 g 作

为 ong 音的读音。简单地说，辅音字母 g 在字母的前面读辅音 g（ge），在字母的后面读元音 ong，如 ggj（攻击、公鸡）、ggyc（公职）、ggz（工资）、zvgg（子宫）、ygvz（种子）、tgj（通缉）。er 音不与任何辅音和元音拼音，遇到有卷舌音的语词时，语素的后面附加表示卷舌音的字母 r 即可，如 pncr（盆儿）、nxvr（鸟儿）、hfr（花儿）等。

一、a、e 在前的双字母元音有 ab、as、ah、ak、en、et、ew、ey、er

a、e 在前的双字母元音在与单字母元音 i、u、o 和辅音相拼时，需将前面表示发音口形的 a、e 省略去，用后面的辅音字母充当，如 bbz（包子）、pbz（泡子）、mblz（帽子）、ssz（塞子）、dsz（呆子）、hhlz（汉子）、gnz（根子）、yyyc（争执）、www（收拾）、wwvwl（1. 手势，2. 首饰，3. 守势）。

将下列各组词语听录若干遍，一直达到反应迅速时为止：

（一）ab（ao）组

　　傲视　自傲　薄薄（bbcbbc）　饱饱　暴雨　狍子　泡子　跑
路　跑步　炮制（pbcyl）　猫腰　猫咪　毛笔　毛毛　冒失　冒泡
　　冒气　刀子　叨叨　打倒　倒了　倒地　道士　滔滔　淘米　桃
子　乞讨　套路　毛桃　桃李　核桃　孬种　气恼　恼怒　脑力
大脑　大闹　捞取　劳力　牢笼　高高　高一　高二　高级　书稿
　　稿子　告知　胡搞　高考　中考　高烧　铐子　蒿子　貉子　耗
资　耗子　极好　喜好　凿子　早早　一早　洗澡　早操　造福
操持　曹操　草草　骚动　臊气　扫地　打扫　朝气　着迷　沼气
　　沼泽　笊篱　兆示　抄袭　包抄　抄起　潮湿　潮气　爆炒　烧
烤　勺子　至少　妖娆　讨饶　舀子　机要　西药　医药

（二）as（ai）组

　　自爱　慈爱　低矮　掰开　直白　白皙　白日　摆开　拜拜
拍戏　一排　排气　各派　埋没　卖力　迈步　大麦　呆子　好歹
　　歹毒　带路　逮捕　代步　布袋　一袋　车胎　胎气　一台　台
式　塔台　态势　固态　乃是　吃奶　挤奶　耐力　来路　来意
无赖　癞子　该死　改制　盖世　膝盖　开启　开开　掰开　凯歌
　　遗骸　海事　大海　冻害　贻害　栽树　住在　在此　猜忌　猜
谜　才子　菠菜　白菜　采摘　赛事　哥嫂　大赛　开斋　宅子
择菜　路窄　债务　讨债　寨子　拆开　拆除　筛子　色子　日晒
　　紫菜　吃菜　炒菜

（三）ah（an）组

　　暗室　班师　开班　开办　板子　白板　高攀　盘古　盘子
棋盘　渴盼　期盼　欺瞒　满满　不满　慢慢　慢车　翻番　打翻
　　白帆　白矾　饱饭　泛泛　翻译　单一　单子　单独　单体　大
胆　胆子　掸子　鸡蛋　贪图　滩涂　坦途　探路　探子　勘探

疑难　遭难　篮子　褴褛　碧蓝　兰草　懒懒　干旱　干渴　干枯
不敢　主干　骨干　大干　勘察　砍树　砍伐　看书　好看　副
刊　刊物　寒气　含义　包含　出汗　毡子　毡帽　展示　展板
战时　战士　占地　搀扶　搀着　缠绕　产地　产于　颤动　发颤
高山　山高　打闪　闪闪　善事　善举　善意　膳食　漠然　簪
子　积攒　参赞　午餐　早餐　中餐　凄惨　雨伞　打伞　冒烟
烟雾　厌恶　白眼　眨眼　岩石　延时　掩体　燕子　咽气　言语
语言　冤屈　远远　怨气　院士　医院

（四）ak（ang）组

帮办　帮忙　臂膀　木棒　棒子　大棒　膀肿　磅礴　榜地
胖子　茫茫　苍茫　忙于　蟒蛇　鲁莽　方言　方的　房子　房租
防空　防盗　仿古　模仿　放屁　防疫　抵挡　阻挡　上当　米
汤　趟河　唐朝　唐代　躺倒　一趟　几趟　烫伤　嚷嚷　攘子
琅玡　豺狼　朗朗　朗读　浪子　浪涛　海浪　刚刚　杠杆　山岗
康德　抗击　巷道　直航　起航　工行　张开　涨潮　高涨　商
议　商机　伤号　赏识　上岸　高尚　和尚　瓢子　嚷嚷　脏（zk）
了　脏（zkl）器　藏族　藏胞　仓促　仓库　苍术　藏猫儿　央视
央企　山羊　公羊　母羊　杨树　白杨　扬帆　仰视　给养　养
育　样子　养子　荡漾　模（muc）样　痒痒　养羊　王子　望族
往往　往来　往西　往返　往东　往南　遗忘　激昂　气囊　常识
徜徉　安阳　德阳

（五）ew（ou）组

剖析　剖开　牟利　智谋　自谋　某某　某部　兜子　兜售
蝌蚪　兜底　抖擞　抖动　陡坡　斗气　斗志　偷袭　偷偷　头头
透气　楼市　搂抱　漏气　沟壑　狼狗　苟同　够受　不够　叩
头　克扣　猴子　怒吼　后事　厚道　厚厚　喝粥　一周　周末
周密　车轴　掣肘　肘部　白昼　收受　收据　收益　没收　熟人
熟菜　手指　守望　看守　失手　手势　手掌　受气　干瘦　怄
气　猪肉　羊肉　肉体　卖肉　抽烟　愁容　发愁　丑陋　陋习
漏雨　臭气　走狗　奏乐　凑数　搜集　忧愁　优裕　鱿鱼　莠子
柚子

（六）ey（eng）组

甭用　蚌埠　抨击　烹制　澎湃　棚子　手捧　捧着　碰壁　发
蒙（my）　蒙（myc）蔽　蒙（myv）古　盟主　萌芽　梦中　孟子
大梦　风筝　疯子　蜂子　风声　丰盛　启封　讥讽　缝隙　缝子
奉旨　灯塔　登山　登机　等级　稍等　高等　初等　瞪眼　凳子
板凳　熥（ty）饭　头疼　职能　冷冻　冷气　羹匙（gy'vc）

耕地　耿直　耿耿　吭哧　吭气　大亨　哼唧　制衡　横（hyl）财
争气　争斗　争执　古筝　愣怔　征兆　长征　出征　整整　整
日　正值　正义　正气　撑腰　撑死　支撑　诚意　乘法　秤杆
称呼　生意　麻绳　绳子　省级　省事　生于　剩饭　剩菜　扔弃
激增　大增　层层　一层　翁婿　老翁　嗡嗡

（七）et（ei）组

悲歌　可悲　茶杯　长辈　成倍　城北　路北　北路　胚胎
培育　陪送　妹妹　保媒　美事　美德　美意　北美　南美　妹子
魅力　飞机　飞跑　起飞　肥婆　合肥　施肥　土匪　匪徒　痱
子　废纸　费力　废弃　废棋　内衣　之内　勒死　雷暴　打雷
打擂　累计　累累　雷击　肋骨　黑衣　黑黑　贼赃　木贼　纸杯
放飞　狒狒　废气　悲泣　悲哀　日内　给力　背离　后备　后
背　匹配　陪着　赔了　赔付　配种　泪珠

二、拼音元音就是单元音 i、u、o 与单元音 a、e 和双字母元音的拼音（详见表 5-1）

拼音元音与辅音相拼时，分别由不同的辅音字母充当（有时候一个辅音字母要同时充当两个元音的读音），多练习几遍就能很快掌握。

（一）en、ia 组

en 是双字母元音，它与拼音元音 ia 在与辅音拼音时都由辅音字母 n 充当。

奔驰　飞奔　本意　资本　木本　草本　笨蛋　喷气　喷发
盆子　闷气　烦闷　门子　它们　门口　门户　闷雷　分析　吩咐
奋起　焚烧　坟墓　粉色　米粉　嫩芽　嫩绿　根基　生根　树
根　恳谈　开垦　痕迹　疤痕　泪痕　狠毒　狠狠　仇恨　可恨
真实　真是　诊治　疹子　枕木　枕头　阵势　镇压　嗔着　沉沉
趁机　趁势　击沉　深厚　身姿　神了　婶子　仁义　忍受　难
忍　不忍　森森　阴郁　阴森　阴影　银币　淫欲　隐私　隐隐
印证　印制　瘟疫　文艺　吻合　问世　云彩　云雨　云层　乌云
孕育　家族　佳人　夹子　夹击　夹（jnc）克　假肢　真假　假
意　嫁衣　假期　嫁人　例假　掐死　卡（qnv）子　发卡　瞎子
虾米　朝霞　匣子　侠客　夏季　立夏　初夏　夏日　海峡　夏收
下雨　哥儿俩（grlnv）　真挚

（二）ik、ut 组

辅音与 ik（yang、iang）、ut（wei、uei）拼音时，ik、ut 都用辅音字母 j 充当。

娘子　娘们　酿造　姑娘　脊梁　梁山　干粮　伎俩　两用
车辆　亮丽　江河　长江　即将　将士　战将　终将　中将　糨糊
枪炮　枪子　强盗　抢手　哄抢　铿锵　湘江　乡绅　乡长　投

降　发饷　响声　只想　各项　几项　事项　烧香　样子　给养　夕阳　东洋　堆积　围棋　土堆　对付　排队　队长　推车　推手　颓势　长腿　大腿　退步　规格　违规　归为　归队　乌龟　鬼子　轨迹　轨道　贵人　跪下　下跪　常规　亏空　吃亏　钟馗　李逵　无愧　愧对　溃败　溃散　灰土　白灰　石灰　实惠　回复　回族　回函　回执　悔恨　毁弃　晦气　知会　会意　追击　追加　尾追　坠子　坠地　坠入　吹嘘　吹气　锤子　捶打　谁啊　水箱　香水　水雾　水气　睡衣　沉睡　大水　香气　真香　真相　锐气　祥瑞　大嘴　醉人　最美　崔嵬　催促　璀璨　干脆　脆生　尿脬（sjpb）　芫荽（ihcsj）　隋朝　相随　岁数　骨髓　巍巍　稍微　垂危

（三）ie、ua 组

辅音与 ie（ye、ie）、ua（wa、ua）相拼时，ie、ua 都用辅音字母 f 充当。

鳖甲　离别　瘪谷（bfvgu）　撇弃　乜斜　佛爷　爹爹　大跌　重叠　迭起　贴身　铁轨　铁丝　铁锤　铁器　饕餮（tbtfl）　镊子　裂口　咧嘴　接口　结义　音节　姐弟　姐妹　接触　借据　届时　解除　解开　切开　茄子　妻妾　切切　些许　蝎虎　鞋子　写字　出血　谢意　携带　卸车　椰子　爷们　爷爷　也未　野兽　野狗　野驴　叶子　绿叶　野生　惬意　致谢　西瓜　冬瓜　南瓜　孤寡　寡妇　寡人　挂历　挂彩　挂失　夸赞　夸奖　夸口　击垮　打垮　胯骨　跨步　白花　白桦　花卉　红花　花痴　花红　华人　华夏　华南　华中　华山（hflwh）　量化　抓人　刷洗　刷碗　戏耍　杂耍　瓦特　娃娃　胆怯　贴切　趔趄

（四）un、on 组

辅音与 un（wen、un）、on（yun、ün）相拼时，un、on 都用辅音字母 d 充当。

吨位　盾牌　吞没　吞食　吞吐　海豚　伦敦　轮子　几轮　轮回　轮椅　车轮　论据　沦为　滚滚　滚蛋　棍子　木棍　昆虫　坤包　困兽　困厄　昏迷　昏睡　馄饨　浑蛋　浑水　混合　混事　谆谆　保准　准许　允准　接吻　裂纹　裂璺　春花　春季　初春　春日　纯真　嘴唇　唇舌　唇齿　蠢材　蠢人　吸吮　吮吸　瞬息　理顺　滋润　瘟神　质问　指纹　温和　云层　君主　君子　君臣　军事　军人　军马　菌类　骏马　竣工　俊美　人群　超群　功勋　熏人　寻人　寻找　巡视　遵循　训斥　讯问　讯息　防汛　质询　查询

（五）in、us 组

辅音与 in（yin）、us（wai、uai）相拼时，in、us 都用辅音字母 m 充当。

宾词　宾客　宾主　槟子　来宾　鬓毛　出殡　相拼　拼了

贫苦 招聘 子民 庶民 机敏 移民 祝您 拎包 林海 睦邻
邻居 临摹 凛冽 檩木 凛然 吝啬 麒麟 今日 金子 筋
骨 抽筋 紧紧 仅仅 近日 近邻 近期 近视 亲事 亲亲
近亲 擒拿 芹菜 寝室 入侵 乡亲 胡琴 新式 辛劳 辛勤
心思 信使 相信 知音 福音 辅音 阴郁 基因 起因 淫
欲 卖淫 淫威 金银 乖乖 妖怪 打拐 拐卖 怪事 怪怪
蒯草（kmvcbc） 快跑 快些 快快 市侩 怀胎 怀孕 淮海
心怀 坏事 坏人 满怀 拽紧 撷子（vmz） 囊膪（nk'vml）
摔碎 帅气 蟋蟀 外人 外事 外甥 外界 涉外

（六）uh、oe 组

辅音与 uh（wan、uan）、oe（yue、üe）相拼时，uh、oe 都用辅音字母 r 充当。

端口 端午 端倪 终端 中断 短路 长短 短视 急湍
湍急 团团 团长 社团 暖风 暖意 山峦 卵生 卵巢 乱世
动乱 暴乱 淫乱 当官 棺材 羊倌儿 管事 主管 灌溉
灌区 灌水 一贯 贯穿 宽心 长宽 收款 付款 拨款 取款
善款 欢喜 欢乐 欢快 喜欢 撒欢儿 循环 缓缓 涣涣
患难 专一 专业 专用 砖石 砖块 转移 转身 转弯 传记
撰写 穿衣 穿鞋 传达 山川 血栓 门闩 拴马 软硬 服
软 软腭 钻研 钻头 攥紧 逃窜 篡改 心酸 酸菜 算计
算数 月牙 婉约 契约 失约 蕨菜 绝路 绝食 绝地 崛起
察觉 决绝 缺席 短缺 喜鹊 奇缺 瘸子 上阕 下阕 雀
巢 麻雀 疟疾 肆虐

辅音 l 与拼音元音 oe（lrl）相拼时，四声有略、掠等几个同音字，这与辅音 l 与拼音元音 uh（lrl 乱、卵、乱、蒚）的四声相拼时重叠，因此，将 lr（一声）音作为固定的略、掠、锊等同音字的拼写法，如省略（wyvlr）、战略（yhllr）、战乱（yhllrl）、略微（lrut）、粗略（cu'lr）、侵略（qm'lr）、谋略（mwclr）等。

（七）ig 组

辅音与拼音元音 ig（yong、iong）相拼时，ig 用辅音字母 k 充当。

帮凶 穿帮 身旁 困窘 窘态 穷尽 穷困 穷人 琼剧
黑熊 熊黑 熊熊 凶器 凶杀 凶狠 真凶 雄心 雄师 佣人
拥挤 雍正 拥有 蚕蛹 勇士 涌出 喷涌 汹涌 用心 用
力 用以 致用 附庸

（八）uk 组

辅音与拼音元音 uk（wang、uang）相拼时，uk 用辅音字母 i 充当。

光泽 光亮 极光 闪光 金光 微光 余光 宽广 逛街
逛荡 竹筐 矿山 旷野 旷课 矿石 开矿 慌张 荒野 荒草
荒山 荒芜 黄山 黄土 黄雀 黄芩 幌子 晃荡 谎话 村

庄　庄家　装饰　伪装　粗斅（cuyiv）　撞针　相撞　撞钟　窗棂
窗户　窗台　创伤　疮疤　床铺　床板　起床　上床　床头　闯
荡　闯入　撞击　双击　风霜　双喜　遗孀　寒霜　爽朗　飒爽
爽快　王子　闯王　遗忘　旺盛　失望

（九）iw 组

辅音与拼音元音 iw（you、iou）相拼时，iw 用辅音字母 q 充当。

谬种　丢失　丢弃　丢人　泡妞　牛气　公牛　母牛　牛肉
牛排　扭曲　扭送　流水　河流　流派　留守气流　柳树　杨柳
六爻　碌碡　纠集　抓阄儿　久久　酒气　舅舅　救急　老酒　故
旧　秋季　求实　中秋　深秋　囚禁　囚徒　求是　气球　乞求
地球　篮球　绣球　球拍　求救　投球　休战　修整　羞愧　羞辱
休息　害羞　双休　自修　汽修　秀丽　秀气　衣袖　嗅觉

（十）ih 组

辅音与拼音元音 ih（yan、ian）相拼时，ih 用辅音字母 z 充当。

边疆　编织　编辑　延边　扁豆　匾牌　扁担　事变　变动
变迁　变通　偏偏　片子　诗篇　篇目　制片　篇章　断片　受骗
棉球　棉花　连绵　失眠　缅甸　缅怀　免了　免礼　面子　白
面　巅峰　点子　垫子　垫资　垫背　电路　电器　电流　风电
水电　电动　用电　发电　天堑　前天　填空　天空　腼腆　年纪
年份　年糕　撵走　念头　连队　连长　连接　脸上　收敛　敛
财　链子　练字　依恋　监视　监狱　强奸　汉奸　盐碱　保健
计件　基建　旗舰　战舰　迁徙　千年　谦虚　深浅　浅显　镶嵌
勾芡　欠债　事先　先锋　先人　闲人　鼬鼯　遇险　探险　肉
馅　陷入　上限　限度

（十一）ib 组

辅音与拼音元音 ib（yao、iao）相拼时，ib 用辅音字母 x 充当。

标识　标志　标本　手表　制表　飘扬　漂流　漂白（pxvbsc）
描述　描写　瞄准　禾苗　苗族　秒杀　秒表　妙语　奇妙　微
妙　雕刻　浮雕　掉价　溜掉　掉队　吊销　吊孝　挑水　挑刺
纸条　律条　面条　调试　挑逗　挑衅　挑起　飞鸟　小鸟　尿尿
尿素　尿盆　无聊　辽东　燎泡　聊天　了事　知了　瞭望　镣
铐　脚镣　交际　交往　姣美　交替　交手　娇气　嚼子　手脚
脚气　饺子　抬轿　轿车　窖藏　叫唤　教学　较劲　较好　悄悄
劁猪　敲打　桥面　小桥　瞧见　翘楞（qxclyl）　巧手　巧妇
翘手（qxlwwv）　撬棍　雪橇　俊俏　削皮　消息　生肖　生效
拂晓　小憩　小气　小子　笑脸　嬉笑　孝顺　咆哮　妖艳

（十二）iy 组

辅音与拼音元音 iy（ying、ieng）相拼时，iy 用单元音字母 e 充当。

冰块　结冰　冰层　兵马　士兵　兵戈　馅饼　饼铛　面饼
禀告　病体　病人　病床　治病　乒乓　奶瓶　瓶子　评判　平分
瓶颈　平生　名声　出名　成名　功名　书名　铭记　指明　命
大　小命　钉子　叮咛　鼎力　订单　定制　定型　定性　光腚
听清　听写　客厅　不停　挺进　挺身　梃猪　济宁（jvnec）　宁
可　南宁　西宁　拧劲儿　兵龄　零度　零下　生灵　峻岭　首领
衣领　指令　口令　妖精　精灵　神经　念经　月经　水井　警
戒　刑警　民警　交警　敬香　敬酒　敬意　致敬　轻视　轻轻
倾情　倾泻　轻生　情景　恋情　情歌　隐情　请示　请客　顷刻
真情　喜庆　大庆　兴起　兴盛　星星　行星　醒来　醒酒　醒
悟　杏树　银杏　两性　酸性　碱性　英姿　雄鹰　迎春　蝇子
迎娶　接应　硬度　应试

（十三）ue 组

辅音与拼音元音 ue（wo、uo）相拼时，ue 用辅音字母 p 充当。

城郭　铝锅　铜锅　国歌　国格　各国　大国　小国　瓜果
干果　果品　果冻　包裹　过失　过路　难过　阔气　括弧　括号
豁唇　秳子　豁嘴　死活　活的　活活　干活　火器　火柴　火
烧　灭火　柴火　生火　玩火　恼火　同伙　祸水　祸害　抑或
疑惑　桌子　课桌　笨拙　茁壮　啄食　镯子　手戳　戳着　龌龊
说笑　小说　难说　好说　硕大　闪烁　弱视　弱势　微弱　弱
小　作死（zpsv）　作坊　喔奶　琢磨　左倾　左手　左方　座位
就座　做大　作业　坐着　作者　搓澡　搓手　痤（cpc）　疮　矬
子　知错　纠错　认错　看错　唆使　教唆　缩水　伸缩　铁索
索要　会所　门锁　索命　猪窝　狗窝　鸡窝　蜗居　莴苣　涡轮
窝火　窝头　卧室　握刀　卧倒　沃野

（十四）oh 组

辅音与拼音元音 oh（yuan、üan）相拼时，oh 用辅音字母 h 充当。

捐献　圈猪　捐助　杜鹃　卷起　花卷　镟刀　卷尺　卷帘
猪圈　羊圈　圈养　画卷　圈地（qhdil）　花圈　拳脚　拳头　权
势　诠释　全市　打拳　成全　掌权　实权　犬子　犬吠　畎亩
全员　泉眼　权谋　全权　劝导　劝解　解劝　宣讲　宣言　轩辕
喧嚣　文选　选题　挑选　炫耀　绚丽　炫富　鸳鸯　冤仇　深
渊　冤屈　怨恨　远走　远去　远行　远视　原由　满员　超员
职员　原野　涓涓　劝劝　怨言

（十五）拼音元音 uy（weng）和双字母元音 er 都不与辅音拼音

uy 音有翁、嗡、鹟、螉、滃、鎓、鶲、塕 8 个同音字；uyc 音没有对应的汉字；uyv 音有滃、蓊、勜、奣、翁、暡、瞈、聬、攚 9 个同音字；uyl 音有瓮、蕹、齆、甕、罋 5 个同音字。er 音没有对应的汉字；erc 音有儿、而、鸸、鲕、児、侕、兒、陑、峏、洏、胹等近 20 个同音字；erv 音有耳、尔、迩、饵、洱、珥、铒、尒、尓、栭等近 20 个同音字；erl 音有二、贰、佴、弍、刵、貳、贰、誀、樲、髶 10 个同音字。

　　老翁　翁婿　嗡嗡　滃江　蓊郁　瓮安　瓮城　蕹菜　齆鼻

　　小儿　儿科　儿戏　儿子　钓饵　诱饵　大二

到此为止，我们已经学会并掌握了所有汉字的拼写，能够使用双文速录软件输出任何非缩略词的汉字词语了。

需要说明的是：第四单元和第五单元所有的组词练习都是建立在非缩略词基础上的，这是双文速录词语中击键频率最高、录入速度最慢的词语，用这些词语作为练习材料，目的是让学习者在练习指法基础的同时掌握辅音、辅音+声调，元音、元音+声调，双拼、双拼+声调的拼写规则和要领。因此，我们有必要将本单元和第四单元的组词练习词语回过头来看录几遍，然后再听录若干遍，以作巩固。

第六单元 高频字、常用词、缩略词速录方法

学习难点

*高频字的序位。

*明确词汇中哪些是高频字，哪些是非高频字，哪些是常用词，哪些是非常用词，以及如何确定缩略语和非缩略语。

从本单元开始，学员将进行双文速录的各种缩略法学习，并进行以句子为单位的录入训练。值得注意的是，学员要逐步掌握词汇中的缩略词和非缩略词以及缩略词的序位，这对于实现快速录入、预防错误击键能起到切实有效的规范作用。

第一节 高频字速录方法

高频字是指在汉语词汇中出现频率较高的助词、连词、介词等单个汉字，其应用规则是将这些高频汉字以读音首字母的形式对应于计算机键盘的键位上，击该字读音的缩略首字母键位，与该字读音相同的高频字就依次序排列在数字键位上了。

设定高频字的目的有两个，首先是减少击键频率，如"把"字，按照正常的击键是（bav）三键，再加上上屏键（空格键）按 0.5 键计算，该字需要 3.5 键才能上屏，把它设计成为高频字则仅需要两键（含数字键）即上屏。其次是这些高频字一般都是独立应用的单字，设计为高频字有利于应用。详见表 6-1：

表 6-1 高频字表

字母	1	2	3	4	5	6	7	8	9	0	备注（括号内为汉语拼音的读音）
b	不	把	被	并	比	表	本	部	波	拨	9、0 为 b（bo）音同音字
p	颇	怕	排	跑	朋	鹏	泼	坡	钋	酸	1、7~0 为 p 音同音字；2~6 是高频字
m	没	米	秒	每	吗	忙	马	明	面	摸	0 为 m 音同音字；1~9 是高频字
f	非	分	副	富	福	凡	范	奉	否	附	f 音没有汉字；1~0 全部是高频字
d	的	但	对	到	大	地	答	等	点	得	1、6、0 是 d 音同音字；其他是高频字
t	他	她	同	台	条	趟	太	头	忒	土	t（te）音没有汉字；1~0 全部是高频字
n	你	能	年	男	女	那	南	您	宁	呢	0 是 n（ne）音同音字；其他是高频字

续表

字母	1	2	3	4	5	6	7	8	9	0	备注（括号内为汉语拼音的读音）
l	了	来	李	里	乱	类	老	两	辆	龙	1是 l（le）音同音字；其他是高频字
g	个	给	过	更	共	国	桂	哥	歌	割	8~0是 g 音同音字；其他是高频字
k	可	看	口	课	块	棵	颗	科	柯	珂	6~0是 k 音同音字；其他是高频字
h	和	或	还	后	化	好	会	红	很	喝	0是 h 音同音字；其他是高频字
j	就	即	叫	暨	击	饥	鸡	激	积	基	5~0是 j 音同音字；其他是高频字
q	请	却	且	去	前	全	其	七	期	戚	8~0是 q 音同音字；其他是高频字
x	下	小	向	性	想	型	奚	希	熙	西	7~0是 x 音同音字；其他是高频字
z	在	再	则	最	做	罪	兹	訾	资	姿	7~0是 z 音同音字；其他是高频字
c	从	才	曾	次	错	促	草	呲	玼	跐	8~0是 c 音同音字；其他是高频字
s	所	岁	算	扫	司	思	斯	丝	锶	嘶	5~0是 s 音同音字；其他是高频字
y	这	正	指	者	之	只	支	芝	枝	知	5~0是 y 音同音字；其他是高频字
v	成	处	差	产	船	长	场	吃	痴	蚩	8~0是 v 音同音字；其他是高频字
w	是	上	谁	说	受	水	事	诗	师	施	7~0是 w 音同音字；其他是高频字
r	人	如	日	让	仍	任	然	荣	瑞	柔	r（ri）音没有汉字；都是高频字
a	按	案	爱	艾	敖	矮	啊	阿	锕	吖	7~0是 a 音同音字；1~6是高频字
e	而	二	鄂	饿	尔	耳	儿	贰	屙	婀	9~0是 e 音同音字；1~8是高频字
i	一	也	要	有	又	由	用	依	衣	壹	1、8~0是 i 音同音字；其他是高频字
u	我	为	问	位	王	万	外	邬	屋	乌	8~0是 u 音同音字；1~7是高频字
o	于	与	月	元	原	欲	於	淤	吁	迂	7~0是 o 音同音字；1~6是高频字

下列句子大部分是由高频字组成的，请读准、打熟（**带下划线的，只打每个字读音的首字母即可**）。要注意词汇中哪些是单字输入，哪些是双字输入。

我曾在这所幼儿园 工作过，颇受青睐。

她非但答得对，且很专业。

奉您的指示，我一口一口地给他喂饭。

因此，我给人的印象就是太土。

王明是我哥哥，他比我大 5 岁两个月，但他比我矮了足足一尺，你说我有多高？

范桂芝阿姨和她的男人马国富同年、同月、同日生。最近，她和他要分手了。

上午 10 点 5 分 45 秒集合，请按约定及时到公司南广场报到。

"你能让这几个人 离开吗？"一位叫敖鹏的男子对一位叫艾爱熙的女子说。此时，又来了一男一女，男的个子矮矮的，女的则细高。

男的对女的说："谁说人是最贪婪的？"

我叫王月元，今年24岁，属狗，人们都叫我王员外，我与同事乌小姐用了3天时间掌握了双文速录原理，用了一个月的时间就达到了160个汉字/分钟，我的记录速度能够与语言同步了！但我还不能满足已有的成绩，必须继续努力，一直达到200个汉字时为止。

你从哪里来？我的朋友，你又要到哪里去？请你回答我好吗？

他看后就走了，而我却认真地研究起来。从这以后就有人说我可疑，让我受了委屈。

一台机器被分成了四部分放在一条船上，这非但没有省事，还更费事了。

十四是十四，四十是四十。对也不是，是也不是，没是也没非，有错说没错，忒可惜。

有一老者，耳大，嘴小，在鄂南工作，才从西安度假回来，曾去过一趟莫斯科。他与司先生一同把辍学在家的施小红劝说上学了，这是最让人高兴的事。

向前或向后，向西或向南，凡事都有规律，要有回旋余地，要有可操作性。你所说的，正是我所要的。你问我答，也可以是我问你答，总之，想的就要去做，做完不要后悔。

我于2017年6月9日破了一个大案，与我一同破这个大案的还有原大案处的处长。

马荣福老师从他的办公室出来正好和王坡老师撞了个满怀，为了消除尴尬，两位老师特意把相撞说成是故意的，为此还专门搞了一个心理学讲座。

阿荣问阿思："有正司机和副司机之说吗？"阿思："你说呢？"阿荣："我要是知道就不问您了。"阿思："按说你并不比我智商低，但你这人爱絮叨。"

马明和马鹏是一对弟兄，马明比马鹏小两岁，马鹏今年36岁，马明今年多大了？范宁和范红是一对姐妹，范宁今年24岁，她比范红矮一公分。

2017年6月23日下午17时19分56秒，我受李先生委托去看望他的女朋友，受王女士委托去看望她的男朋友，我感觉太辛苦了，好想休息休息。

敖书记对我说："从这所幼儿园到他、她同台排演节目的电影院有一里的路程吗？"

这只说明了按人口算不按住户算的方法是正确的，这也正说明了不怕她只怕他是不对的。

这一家子大的、小的、男的、女的都来了，挤了满满一屋子的人。

　　　　这事不光为我也为你啊！要问你就去问好了，反正我不会与你
为敌的，你看着办吧。

　　　　渴了，饿了就想喝水、吃饭，人是这样，马也是这样啊。

　　　　什么按棵（颗）计算？什么按台计算？什么按头计算？什么按
类计算？什么按块计算？什么按期计算？什么按口计算？请李然荣
老师回答 这几个问题。

　　从上述例句可以看出，高频字一般都是独立应用的单个汉字，其记忆也有规律可
循，如年、月、日、秒、分这样的量词都用数字键 3 作为上屏键，你、我、他、个、
了、于、一、而、人、是、这、就、请、下、在、从、不、的等这样的一级高频字用
空格键上屏，其他高频字则按照使用频率依次排在数字键上。

　　教师或学员要编一些使用高频字的句子反复练习，作为正确使用和牢记高频字的
方法，如"这就请他下来"这句话都是由单个高频字组成的，只要多练习这样的句子，
就能很快牢记高频字的序位。

　　另外，一些由高频字组成的短语已经按照短语的缩略形式缩略化了，应用时要按
照缩略语的缩略方法录入，而不是按照高频字的方法一个字一个字地录入。如上述例
句中的"并不比""你从哪里来""到哪里去"这样用高频字构成的短语都采用了短语
的缩略形式。用缩略语的方法能提高录入速度，但这种缩略语是有固定句式的。

　　中、将这样用于后缀和介词的高频字没有被设计为高频字，其原因是这种字的击
键频率低，可以放在同音字中，只要使用几次就能记住这些字的序位。

第二节　常用词速录方法

　　常用词与专业术语不同。常用词是指人们在社会生活中经常用到的双音节词，它
一般体现在我们日常生活所涉及的政治、经济、教育、科学、文化等各方面。而专业
术语是指各行业频频用到的专业词。各行各业都有自己的专业常用词。医学领域的专
业常用词有手术、输液、临床等，化工领域的专业常用词有氧化、质变、乙烯等。这
些词在双文速录的词库中都不是常用词。

　　双文速录的常用词应用规则是：输入两个字读音的首字母后，排在第一位的用空
格键上屏，排在第二位和第二位以上的用数字键上屏。譬如，录入"先生，您好"这
句话，输入"先"和"生"两个字读音的缩略首字母 x 和 w，"先生"一词就排列在数
字键的第四位，击数字键 4 上屏；输入"您"和"好"读音的缩略首字母 n 和 h，"您
好"一词就排列在数字键的第一位，击空格键上屏。

　　双文速录的常用词与辅音+声调、双字母元音、单字母元音+声调和辅音与元音相
拼时所构成的单字有重叠现象。

一、辅音+声调的

	1	2	3	4	5	6	7	8	9	0
bc	彼此	保存	不错	本次	白菜	悲惨	鞭策	薄	博	铂

bc 是博、薄、铂、褙、搏等所有 bc 音同音字的读音（其他同音字需翻页），同时也是彼此、保存、不错、本次、白菜等缩略首字母相同的常用词读音的对应字母。

二、双字母元音的

	1	2	3	4	5	6	7	8	9	0
ab	岸边	敖包	挨边	癌变	鳌拜	安保	奥博	安倍	熬	凹

ab 音既是熬、凹、枒等同音字的对应读音，又是前是 a 后是 b 的缩略首字母相同的常用词的对应字母。

三、单字母元音+声调的

	1	2	3	4	5	6	7	8	9	0
iv	严惩	遗产	养成	延长	遗传	应酬	有偿	已	以	乙

iv 音既是已、以、乙等同音字的对应读音，又是前是 i 后是 v 的缩略首字母相同的常用词的对应字母。

四、辅音与元音相拼的

	1	2	3	4	5	6	7	8	9	0
di	第一	答应	都有	对应	动摇	导游	动用	抵押	电影	低

di 音既是低、堤、滴等同音字的对应读音，又是前是 d 后是 i 的缩略首字母相同的常用词的对应字母。

从上述四个示例中可以看出，常用词都是在两个字母（辅音+声调、单元音+声调、双字母元音不加声调、辅音与元音相拼时不加声调）的情况下出现的。

将缩略首字母相同的常用词放在读音相同的单字前面是有科学依据的。据统计，在汉语的词汇中，单语素（单字）占 9% 左右；双语素（二字词）占 48% 左右；三字短语（词组）占 10% 左右；四字词占 30% 左右；五字及五字以上的词不足 2%。依据这些统计数据和汉语词汇的组词特点，在词汇中占 9% 左右的汉字单字，一般以介词、连词、助词、量词和姓氏名字为主。因此，我们将大部分使用频率较高的单字介词、连词、助词、量词、名词等设计为高频字，另外一些都放在与常用词并列的数字键上，如 je5（经）、yw（周）、dg（东）等，特别是那些用于人名的汉字，一般都把它们放在第一页，如 ol（玉、毓、聿、煜）、xx（肖、萧、箫）等。三个字母构成的高频单字一般用空格键上屏，如 gbv（搞）、hbv（郝）、ohc（袁）等。

双文速录有 5580 多条常用词（详见本书附录中的"常用词汇总表"），占整个词库中双音节词的十分之一。使用这些常用词可以降低击键频率，提高录入速度和效率。那么，如何练习和使用这些常用词呢？首先，我们在录入时感觉是常用词的不妨按照常用词的规则来输入。譬如下面这句话："我们都是来自五湖四海，为了一个共同的目标，走到一起来了。"这句话中的我们、都是、来自、为了、共同、目标都是常用词，五湖四海、走到一起是四字缩略词（只输入每个字读音的首字母），一、个、来、了都是高频字。这其中的走到、一起也是常用词，但这两个词挨着时可作为四字缩略词来录入。其次，可参照附录中的"常用词汇总表"将常用词看录两遍，听录几遍，以加强印象，以免在录入时与非常用词在录入方式上发生混淆，出现欲速而不达的情况。

第三节　缩略词速录方法

高频字、常用词都是缩略词的一种。

缩略词是指三字短语、词组，四字短语、成语、词组、术语，五字短语、词组和句子只输入每个字读音首字母的缩略形式。缩略字母是以双文速录的辅音字母、单元音字母以及双字母元音的首字母和双拼的首字母作为读音的缩略首字母。这种缩略方法设有缩略键。

高频字和常用词都没有设立缩略键。而三字词（短语、词组）和四字词必须设立缩略键，这是因为三字词和四字词的缩略形式有时与二字词或三字词的读音雷同，而发生雷同的二字词或三字词按顺序排在前面和首页，所需的缩略词则需要翻页。譬如，我们想录入"抓质量"一词时，输入了 yyl 这三个字读音的缩略首字母后，对话框显示的是 1. 症、2. 郑……单个字的同音字，而没有我们所要的"抓质量"。此时，使用缩略键后，与"抓质量"一词首字母雷同的缩略词就全部出现在对话框里（1. 站住了，2. 遮住了，3. 助长了，4. 抓质量……）。

在录入实践中有时使用缩略键，有时不使用缩略键。

所谓缩略键，就是在双文速录录入状态下用;键来显现三字词语或四字词语的功能键位。该键位有时是某些三字词语或四字词语的上屏键。其键位在右手小指分工的区域，也就是分号键（冒号）。

（一）显现三字词语的功能

三字词语在双文速录的词库中有 16 万余条，是二字词的三倍。例如，讲清楚（记清楚、将切除……），离开了（拉开了、来考虑……），和好了（后悔了、还好啦……），这些短语如果不使用缩略键（;），显现出来的就是与缩略首字母完全相同的单个汉字及其单个汉字的同音字。

例如：

jqv 九、玖……加上缩略键（jqv;），显示出来的是 1. 讲清楚，2. 记清楚……

lkl 浪、埌……加上缩略键（lkl;），显示出来的是 1. 离开了，2. 拉开了……

hhl 汉、旱……加上缩略键（hhl;），显示出来的是 1. 和好了，2. 后悔了……

简而言之，当我们输入一个三字词组或短语时，发现对话框显现的都是单个汉字，而需要的词语没有显现时必须使用缩略键，如唱大戏（vdx;）、京津冀（jjj;）、耍流氓（wlm;）等。

类似（ytx）状态下……、（ozn）原子能……、（ymm）真面目……、（nii）挠痒痒……、（ubw）未必是……这样的词是不用使用缩略键的。但类似 gud 感悟到（公文袋……）、hjh 好家伙（坏家伙……）这样的语词必须使用缩略键。

缩略键有时是可用可不用的，如真可笑（状况下……）、东道主（对得住……）、一开始（已开始……）等，这样的词如果使用缩略键后还得用数字键上屏，反而多击了一键，不如使用数字键一步到位更为便捷。使用缩略键可以让该缩略词进入到数字键 1，能够用空格键上屏的，就可以使用缩略键，如空格键（kgj;）、越来越（olo;）、底子薄（dzb;）等。

（二）能够让四字词语通过使用缩略键方法用空格键上屏

四字词语是双文速录数量最多的词语，大约在 25 万条以上，包含了所有成语、比较常用的短语以及法律、政治方面的术语等。四字词与三字词一样，大多数情况下都不使用缩略键，直接用空格键和数字键上屏，如忽上忽下（hwhx）、哆哆嗦嗦（ddss）、勤学苦练（qxkl）、无线充电（uxvd）等。但类似峰值电压（fydi;）、尚未通过（wutg;）、摆在首位（bzwu）、轻车熟路（qvwl）等这样可以通过使用缩略键用空格键上屏的词语就可以使用缩略键；类似男女老幼（nnli）、勤俭持家（qjvj）等这样的词语则可用可不用缩略键。

一些常用词，如果彼此在词汇中是挨着的，原则上就要按照四字词的缩略形式缩略，如科学发展、认真学习、企业管理、面临考验等。遇到这种词时，切勿按照科学-发展、认真-学习、企业-管理、面临-考验这种常用词的方式分开录入。

（三）五字及五字以上词语的缩略

五字及五字以上词语是指国家名称、国家机构名称、地名以及谚语、歇后语、常用成句的古代汉语、古诗词以及社会常用术语、句子等。

其缩略规则是：五字词语输入每个字读音的首字母后直接上屏或用数字键上屏；六字及六字以上的词输入前四个字读音的缩略首字母和最后一个字的首字母，用最后一个缩略首字母（有时用空格键或数字键）上屏。

1. 国家（城市）名称。例如：中华人民共和国（yhrmg）；美利坚合众国（mljhg）；埃塞俄比亚（asebi）；俄罗斯联邦（elslb）；土库曼斯坦（tkmst）；法兰西共和国（flxgg）；伊斯坦布尔（istbe）；乌鲁木齐市（ulmqw）；阿拉斯加州（alsjy）。

2. 国家机构名称。例如，国土资源部（gtzob）；国家安全部（gjaqb）；信息产业部（xxvib2）；人力资源和社会保障部（rlzob）；工业和信息化部（gihxb）；军事委员会（jwuoh）；中共中央军事委员会（ygyih5）。

3. 古代汉语中的常用诗词名句。例如，白日依山尽（briwj）；日照香炉生紫烟（ryxli）；路漫漫其修远兮，吾将上下而求索（lmmqs）；士为知己者死（wuyjs）；女为悦己者容（nuojr）；清明时节雨纷纷（qmwjf）；大道之行也，天下为公（ddyxg）；燕雀安知鸿鹄之志哉（iqayz）；大漠孤烟直，长河落日圆（dmgio）；不入虎穴，焉得虎子（brhxz）；明知山有虎，偏向虎山行（mywix）；墙上芦苇，头重脚轻根底浅（qwluq）；百尺竿头，更进一步（bvgtb）。

4. 歇后语。例如，秃头虱子——明摆着（ttwzy）；猫哭老鼠——假慈悲（mklwb）；秋后蚂蚱——蹦跶不了几天（qhmyt）；竹篮打水——一场空（yldwk）；老鼠钻风箱——两头受气（lwzfq）；外甥打灯笼——照旧（舅）（uwddj）。

5. 谚语。例如，明知山有虎，偏向虎山行（mywix）；八九不离十（bjblw）；山高皇帝远，干事没人管（wghdg）；苦海无边，回头是岸（khuba）；冰冻三尺，非一日之寒（bdsvh）；冷在三九，热在三伏（lzsjf）；摸着石头过河（mywth）。

6. 国际机构组织、各种系统名称。例如，全球移动通信系统（qqidt）；国际标准化组织（gjbyy）；亚太经贸合作组织（itjmy）；国际奥林匹克委员会（gjalh）；世界贸易组织（wjmiy）；全球定位系统（qqdut）。

7. 社会常用术语、句子。例如：建设有中国特色的社会主义（jwiyi）；理论与实践相结合（llowh）；立场观点方法（lvgdf）；国内生产总值（gnwvy）；空气污染指数（kqurw）；国民生产总值（gmwvy）；理论联系实际（lllxj）；现代化建设事业（xdhji）。

第四节　词汇速录规则

学完了双文速录的所有缩略规则后即开始进入提速训练阶段。在进入提速训练阶段之前，首先要明确词汇的速录方法。只有掌握了词汇的速录方法，在标准指法不断得到强化的同时，才能逐步成为将口语语言和肢体语言实时录入为书面语言的高手，才能成为语音同步录入的高级速录师人才。

什么是词汇？词汇是语言通过语素单位的排列组合而构成的描述人类思维、生产生活等的语言部件。我们知道，普通话的音素是语言中最小的语音单位（独立应用时也是语素单位），语素是构成词汇的基本结构单位，词汇是构成浩如烟海的语言信息（口语、书面语）的基本单位。一个汉字就是一个语素单位，一个语素单位是由一至三个音素构成的。譬如，汉字"哥"（g）的发音是由一个音素构成的语素单位，"高"（gb）是由两个音素构成的语素单位，"光"［gi（汉语拼音是 guang）］是由三个音素构成的语素单位。语素单位又分为单语素、双语素、三语素、四语素和多语素单位几类，这些语素单位构成了千变万化的词汇。

双文速录就是按照词汇中语素的构词特点制定了一系列以语素为单位的缩略规则，其目的是进行精准、快速的录入。下列例句，请自己先录入一遍后再参考答案中的正确录入规则进行录入。

我们不能在一得之功、一孔之见上做文章，否则就犯了教条主义的错误。

我前些日子去了一趟新疆的库尔勒，从北京乘飞机飞到那里整整需要四个小时的时间，你说远不远？

美！这是用心灵的眼睛才能看到的东西。当我们的心灵纯洁得像泉水一样时，美，就像空气一样无处不在。

双文速录就是按照词汇中语素的构词特点制定了一系列以语素为单位的缩略规则，其目的是进行精准、快速的录入。

双文速录标准录入规则提示：

（1）我们不能、一得之功、一孔之见、教条主义，是四字缩略词；做文章是三字词；在、上、就、了、的是高频字；否则、错误是常用词；犯按照全部音素输入。另外，我们、不能都是常用词，也可以分开来录入。

（2）前些日子、去了一趟、四个小时是四字词；库尔勒、乘飞机、远不远是三字词；北京、那里、需要、时间是常用词；我、的、从、你、说是高频字；新疆、飞到、整整按照全部音素输入。

（3）心灵的眼睛、无处不在、才能看到是五字词和四字词；东西、我们、纯洁、就像、一样、空气、时候是常用词；这、是、用、得是高频字；美、当、像按照全部音素输入，泉水按照全部音素输入。另外，才能看到这个词也可以分开（才能—看到）录入。

（4）双文速录、其目的是、快速录入、制定了、一系列、为单位这些词都是四字和三字词；按照、特点、缩略、规则、进行、精准这些词是常用词；词汇、语素、构词、中、以按照全部音素输入。

说明：在以后的提速训练实训素材中将以下划线的形式标注缩略词语。

第七单元　自造词、数词、标点符号速录规则

学习难点

*自造词方法和缩略键的扩大应用。

*在听录过程中正确使用数词、标点符号。

第一节　自造词速录规则

自造词就是对词库中没有的单词、姓名、地名、短语、专业术语以及专业句子根据个人需要自造的词句，并把这些词句固化到双文速录的软件词库中。

自造词可以满足用户自设专业词库的需要，是书记员、人民警察、秘书以及从事速录工作的高级速录师丰富词库内容的必要措施。

其方法是：在双文速录软件应用状态下，用鼠标右键单击"双文速录"，进入"对话框"后点击"手工造词"栏进入造词程序，如图7-1所示。

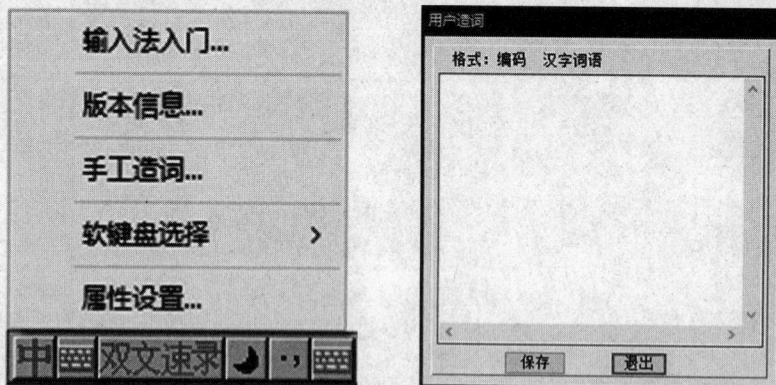

图7-1

按照双文速录原理输入与汉字对应的拉丁字母后点击一下空格键，再输入与之相对应的汉字，点击"保存"后再点击"退出"栏即可应用。

一、姓名

我国的姓和名一般都是两个字、三个字，还有四个字的（如果是复姓）。

两个字的，输入姓和名读音的缩略首字母，用隔音号（'）上屏。例如，赵丽（yl'）、浩鹏（hp'）、刘岚（ll'）；

三个字的，输入姓和名读音的缩略首字母，用隔音号上屏。例如，寇政胤（kyi'）、巩君安（gja'）、常展涛（vyt'）；

四个字的，输入每个字读音的缩略首字母，用隔音号上屏。例如，司马泽蓉（smzr'）、诸葛林森（ygls'）、呼延丹凯（hidk'）。

遇到姓氏是高频字的，或者名字是双音节词的，一般都不用造词。例如，李双、王凯、胡斌、张国庆、单海涛、刘冬梅。

二、地名

我国的地名用字不仅数量繁多，而且名称也是五花八门。人民警察版软件专门增设了乡村地名 20 多万条。这 20 多万条地名是两个字的，输入全部音素，如旧拨（jq1b）、碧柳（billpv）；三个字和三个字以上的，输入读音首字母后用'键上屏，如西北旺（xbu'）、宝元栈（boy'）、三道沟乡（sdgx'）。但有时不可能面面俱到，对没有的电名，各地方公安机关可以用自造词方法将词库中没有的地名造入词库以便使用。地名的自造词方法与姓名的自造词规则相同，为了形成规律都用隔音号上屏。例如，新拨乡（xbx'）、岱尹（di'）、郭家庄（gjy'）、刘家营子（ljiz'）、梓椤树（blw'）、赵圐圙（ykl'）、头道排楼（tdpl'）。

一些四个字以上的地名（行政区划名），在没有与双文速录词库缩略词重叠的情况下，可以用缩略首字母的最后一个字母（或用缩略键）上屏。例如，二道河子（edhz）、五道湾水库（uduwk）、阿什罕苏木（awhsm）。

三、外国人名

外国人的姓名字数比较多，且当中都有间隔号，自造词方法是：输入前面的名称加上间隔号（·）后再输入后面的名称，用隔音号键或最后一个缩略字母上屏。例如，乔治·布什（qybw'）、亚历山大·萨克斯（ilwds）。

四、新词汇

汉语的词语不断在诞生——淘汰——诞生——淘汰这样一个周而复始的循环过程中向前发展。从铺天盖地的新文化、民国、三民主义、抗日、解放战争、土地改革、以阶级斗争为纲、抓纲治国等词汇的被淘汰，到拨乱反正、改革开放、三个代表、科学发展观、中国梦等词汇的风起云涌说明了某些词汇具有时代性。因此，利用自造词方法将新出现的语词造入词库，可使词库与时俱进。例如，南海问题（nhut;）、半岛紧张局势（bdjyw）、美日韩（mrh'）、美日韩三国（mrhsg）。

从上述例句中可以看出在设立自造词时，上屏键既可以用缩略首字母的最后一个字母，也可以用缩略键（;）和隔音号键（'）上屏。

类似有志者事竟成，破釜沉舟，百二秦关终属楚，苦心人天不负，卧薪尝胆，三千越甲可吞吴（iyywu）这样的长词句，也可以用前四个字和最后一个字读音的缩略首字母自造（这就是所谓每分钟录入五六百字的部分方法）。

第二节 数词速录规则

速录的特点是听录，在听录中如何将有关数词、时间等相关信息按照标准要求录入呢？这不仅是标准的规范问题，更是速录技能等级考试所要求的指标。因此，必须统一录入方式，这样可养成学习者的录入习惯，避免录入错误，规范录入标准，提高考试认证的通过率。

数词在速录时需按照下列要求录入（请将例句录入几遍。**注意！有下划线的是缩略词**）：

一、文章章节速录法

文章章节用汉字序号记录，汉字排序用尽再用阿拉伯数字。例如：

第一章 办公自动化 基础
第一节 计算机 基础知识
一、计算机的硬件系统
（一）CPU……
（二）存储器……
1. 内存储器
（1）随机存储器
（2）只读存储器

二、法律法规条文速录法

法律法规条文、序号一律用中文数字记录。例如：

《刑事诉讼法》第三十七条第十二款
《民法通则》第十一条
（录入技巧：输入"第十二条"后，删除"条"字，加一个"款"字）

三、会议、计划等速录法

国家五年规划，各级人大、政协及党代会的届数，国际与国内的各种会议等，凡有届数或次数表示的，一律用中文数字记录。例如：

中共 第十五次 全国代表大会暨全国人大 第十三届 全国代表大会 今天上午 在北京人民大会堂 召开。

我是区第九届 政协委员，这是我担任 派出所所长 以来的第三次会议。

四、时间速录法

用世纪、年代，年、月、日，时、分、秒表示时间时，一律用阿拉伯数字；用天、月、季、年表示时间时，数值在 10（含）以下的一律用中文数字记录，数值在 10 以上的一律用阿拉伯数字记录。例如：

20 世纪的 80 年代中期正是中国 改革开放的初始年代，那时，我在农村务农。记得那是 1985 年的 7 月 9 日 4 时 39 秒，也就是 唐山大地震七周年纪念日 到来之前，唐山又发生了四级地震。12 天后，我离开了唐山。

五、数字速录法

数学表达式中的数字、有小数点的数值、百分数、分数一律用阿拉伯数字记录。例如：

下半年比上半年的营业额 增加了 2.19%，今年比去年的收入高出 1.92%。

六、量词速录法

量词前的数值在 10（含）以下的一律用中文记录，在 10 以上的一律用阿拉伯数字记录。例如：

早在八年前，我就预测了 20 年以后的政治、经济、文化和教育的发展趋势。

七、钱币速录法

钱币单位，如元、百元、千元、万元、百万元、千万元、亿元、万亿元等，前面的数值在 10（含）以下的一律用中文记录，在 10 以上的一律用阿拉伯数字记录。例如：

速录公司 第一季度 收入 三百万元，平均 每个 速录师日均收入是 1200 元。

第三节　标点符号速录规则

在双文速录操作状态下，标点符号的应用与标准键盘操作完全一致。需要说明的是以下特殊的几个标点符号用法（请将举例实操两遍）：

一、间隔号

一只手先按 shift 键后，另一只手按数字键 2，"·"上屏。例如，我和爱新觉罗·启涛先生是好朋友，也是发小（falxxv）。

二、删节号

一只手先按 shift 键后，另一只手按数字键 6，"……"上屏。例如，词频统计是一项浩大的工程，包罗了社会科学、自然科学的全部，涉及天文、地理、政治、经济……整个人类社会生活的方方面面。

三、符号@

将双文速录软件关闭，切换到英文状态下，一只手先按 shift 键后，另一只手按数字键 2，"@"上屏。例如，她的微信号是@126.com。

四、破折号

先按 shift 键后，再按减号键（-），"——"上屏。例如，"中国现在被认为是对美国在全球的统治地位的主要威胁。中国将被提升到美国在全球的头号敌人的地位。"——英国《卫报》2001 年 3 月 9 日

第八单元　提速实训

学员在掌握双文速录原理后即应开始进行有计划的提速训练。提速训练是一个漫长的过程，是每一位书记员、办案民警、秘书和高级速录师掌握速录技能的必经之路。在提速训练中，我们将录入技巧和快速的指法练习融为一体，旨在强化学员的速录基本功。

本单元的速录实训，以每增加 10 个字作为一个晋级台阶。学习者要严格按照提速训练要求先将缩略词练到熟练后再进行整篇文章的练习，一直达到或超过要求的速度。

在进行缩略词的录入练习前，要分析缩略词的特点，同时要分析和掌握句子的语素录入规则。

提速实训一　[这是一篇询问录入稿，共计 332 个字，要求在 5 分钟内看录（听录）完，60 多字/分钟]

以下这些是"提速实训一"询问速录稿的缩略词，听看录几遍后再进行这篇文章的听录练习**（有数字键的用数字键上屏）**。

说一下　这两天　哪些地方　哪一天 2　昨天中午　开始 2　送到 2　木兰秋狝　饭店 5　回去了 3　当时 4　时间　大约是　左右 6　在一起吃饭　请客 2　文化旅游　公司　总经理　林业局 7　副局长　妇联会 9　主任 2　还有　广播电视局 2　局长 2　什么时间　离开 2　下午 4　兴高采烈 2　我就说 2　我还有 2　一大堆事　需要处理　大家　然后 3　签完字　就走了　他们　不知道　失踪了　怎么看待　这个问题　表情 3　什么时候　今天一早　派出所　报案 4　吃饭 7　一夜未归　已经有 2　小时 0　可是　有什么关系

问：说一下你这两天都去了哪些地方？
答：我从哪一天说起啊？
问：就从昨天中午 12 点开始。
答：昨天中午我让司机把我送到木兰秋狝饭店后就让他回去了，当时的时间大约是中午 12 点 10 分左右。
问：你中午都和谁在一起吃饭？
答：中午由我请客，在一起吃饭的有木兰秋狝文化旅游公司的总经理甄楠、林业局的副局长郝琦、妇联会主任马晓筱，还有广播电视局的孙局长。

问：你是什么时间离开饭店的？

答：我是下午一点多离开饭店的，当时我看他们喝得兴高采烈，我就说我还有一大堆事需要处理，让孙局长代我把大家陪好，然后到吧台签完字就走了。

问：孙局长他们是何时离开饭店的？

答：这就不知道了。

问：甄楠失踪了，你怎么看待这个问题？

答：（表情很诧异）啊!？什么时候失踪的？

问：甄楠的家属今天一早向派出所报案，说你昨天中午请甄楠吃饭，甄楠一夜未归，到报案时已经有20个小时了。

答：可是，他失踪与我有什么关系？

提速实训二［这是一篇案例分析短文，共计297个汉字，要求在4分钟内看录（听录）完，70多字/分钟］

将以下这些缩略词录入几遍后再进行这篇文章的听录（看录）练习（**有数字键的用数字键上屏**）。

轻伤害6　重伤害8　被告人　售楼处　人员　故意伤害　逮捕5

下午4　家门口　清理5　由于　弄脏了4　自行车2　引起4　兄弟

6　对方2　已经　骑自行车　往北去3　未能　击倒在地2　重度闭

合性颅脑损伤2　右前额　叶皮层2　线状骨折3　检察院5　案件2

进行审查　认为　身体　其行为2　已经构成　故意伤害罪　依照3

《中华人民共和国刑法》2　第二款2　人民法院　提起公诉

★录入技巧提示：致人重伤，可输入"致人重伤罪"，删除"罪"字；售楼，可输入"售楼处"，删除"处"字；天堂河区人民法院，这是虚拟名称，可用自造词方法录入；血肿（xrlygv）。

轻伤害与重伤害

被告人宋搭理，男，39岁，天堂河售楼处售楼人员。因故意伤害罪于2016年11月8日被逮捕。

2016年10月28日下午四时许，被告人宋搭理在其家门口清理渣土，由于扬起的灰尘弄脏了邻居李大勇、李二勇的自行车，引起李家兄弟不满。被告人宋搭理以对方骂他为由，持铁锹追赶已经骑自行车往北去的李大勇，并扔锹打李未能打中；被告人宋搭理拾起铁锹又对骑自行车行至身边的李二勇头部猛击，将李二勇击倒在地。经查，李二勇重度闭合性颅脑损伤，右前额叶皮层血肿，右颅骨线状骨折，左部头皮血肿。

天堂河检察院对案件进行审查后认为，被告人宋搭理持械伤害他人身体，致人重伤，其行为已经构成了故意伤害罪，依照《中华人民共和国刑法》第134条第二款，向天堂河区人民法院提起公诉。

提速实训三 [这是一篇议论文，共计504个汉字，要求在6分钟内看录（听录）完，80多个汉字/分钟]

将以下这些缩略词录入几遍后再进行这篇文章的听录练习（**有数字键的用数字键上屏**）。

权力2　中国社会5　许多人2　面前2　抬不起头　直不起腰失去了自我　失去了　把握　自己命运　独立意识2　只知道2　服从　因为　他们知道　得到的　会是什么4　俗话说2　人心似铁，官法如炉　专门3　强硬0　人们2　明白2　所以　智力健全2　智障者5　小毛孩5　历史上　不止一个　为数不少3　龙子龙孙　拥有4　绝对权力4　有权力4　就这样　如临深渊，如履薄冰　一样2生存3　人往高处走，水往低处流　并不是　地理位置　而是　社会地位　中国　两千多年　封建专制2　造成了3　过度膨胀2　人格4　自我价值2　黯然无光　只有3　才能　抬起头　直起腰2　这种　现实3　长期存在　攀高结贵2　趋炎附势　社会风气　经过历史3　深化5　已经　作用于　民族3　思维3　一种2　心理3多种形式　表现出来　儒林外史　白发苍苍　一口唾沫3　撒泡尿照照　自己7　什么东西　一反常态　中国传统　人生4　人民出版社

★录入技巧提示：听命，可输入"听命于"，删除"于"字。与全力不同，权利、权力都是常用词，这三个同音词在不同的语境中有不同的应用方法，如公民的基本权利，执政者不能滥用权力，要全力做好本职工作。

权　力

　　权力在中国社会的绝对威势，压断了许多人的脊梁，使之在权力面前抬不起头、直不起腰，失去了自我，失去了把握自己命运的独立意识，只知道服从、听命。因为他们知道抗拒得到的会是什么。俗话说："人心似铁，官法如炉。"这炉是专门炼铁用的，再强硬的汉子，也会被"烧熔"。人们明白此理，所以成群的智力健全的人，要向智障者、小毛孩下跪。历史上草包皇帝不止一个，幼童登基的也为数不少，可虽是草包幼童，却是"龙子龙孙"，是拥有绝对权力的人。

　　有权力者惧怕权力丢失，无权力者惧怕权势欺凌。人们就这样在"权力"面前如临深渊、如履薄冰一样地生存着。"人往高处走，水往低处流"，这是国人的格言。这"高"并不是地理位置，而是社会地位。中国两千多年的封建专制，造成了权力的过度膨胀，使得国法、道德、个性人格、独立意识、自我价值等，都变得黯然无光。只有权力才能使人抬起头、直起腰。这种现实的长期存在和延续，

造成了攀高结贵、趋炎附势的社会风气。而这种风气经过历史的深化，已经作用于民族的思维，铸成了民族的一种"攀高"心理，并以多种形式表现出来。《儒林外史》中的胡屠户，当白发苍苍的女婿向他借上京科考的盘缠时，他却一口唾沫啐在了女婿的脸上，要女婿撒泡尿照照自己是什么东西。而女婿高中举人后，他却一反常态，改称曰"贤婿老爷"，并夸女婿"才学又高，品貌又好"……

　　　　　　选自《图腾神话与中国传统人生（313页）》（刘毓庆著　人民出版社）

提速实训四 [这是一篇叙述文，共计220个汉字，要求在2分30秒内看录（听录）完，90字/分钟]

将以下这些缩略词录入几遍后再进行这篇文章的听录练习（有数字键的用数字键上屏）。

发明家　带给4　周围2　总是2　不断2　具有　一种2　能够别人3　感觉不到　机会4　地方　发现　能力2　更重要的是努力探索　这些机会6　是有益的3　还是　毫无价值2　能有效地鼓励4　投身于　探索2　他认为　这种　无任何价值　在这个时候　更容易2　出成果2　领域　伟大的　通常3　最后4　领导　整个企业4　在一个　组织2　基层2　他们　在那里2　正推敲着　一些　看似7　无关紧要　的想法　我们应该　培养　帮助他们　发挥潜力2　接受他们3　天赋5　内部　寻求平衡2

发　明　家

　　发明家带给周围人的总是不断的惊喜，他具有一种能够从别人感觉不到机会的地方发现机会的能力。更重要的是，他会努力探索这些机会，直到断定它们是有益的，还是毫无价值的。他能有效地鼓励别人投身于他的探索中，直到他认为这种探索再无任何价值，在这个时候他会转向更容易出成果的领域。伟大的发明家通常最后能领导整个企业，但在一个组织基层也能发现他们的身影，在那里他们正推敲着一些有趣但看似无关紧要的想法。我们应该用心培养发明家，帮助他们发挥潜力，接受他们的天赋，并在组织内部寻求平衡。

提速实训五 [这是一篇一问一答式的对话交流，共计335个汉字，要求在3分20秒内听录（看录）完，100字/分钟]

将以下这些缩略词录入几遍后再进行这篇文章的听录练习（有数字键的用数字键上屏）。

商业谈判　先生4　你们　一般2　采用　什么　付款方式　我

们 不可撤销2 即期信用证 能不能接受 承兑交单 付款交单
恐怕不行 银行5 开立信用证 不但要4 手续费 保证金6 因
此 信用证2 支付方式 增加2 进口货 成本3 您知道2 不可
撤销的信用证2 出口商品 增加了2 担保7 我们都5 做些让步
其余的 你看怎么样 很对不起 我们坚持2 支付货款 希望你
们 考虑一下 我们的意见 接受我们7 的方式2 如何2 实在
抱歉 无法接受 你们的建议 这样吧 各让一步 如果你们 答
应2 提前 一个月 我们就同意 全部 交付货款 可以考虑 只
能 半个月 这样4 便于3 做好 必要的2 安排 起草合同
你们的 货运码头 空运港口 写在合同里

商业谈判

问：王先生，你们一般采用什么付款方式？

答：我们一般只接受不可撤销的即期信用证。

问：你们能不能接受承兑交单或付款交单？

答：这恐怕不行。

问：王先生，在银行开立信用证，不但要付银行手续费，还得付一笔保证金，因此用信用证支付方式会增加我方进口货的成本。

答：您知道，不可撤销的信用证给出口商品增加了银行的担保。

问：我们都做些让步吧，货价的50%用信用证，其余的用付款交单，你看怎么样？

答：很对不起，我们坚持用信用证支付货款。

问：希望你们再考虑一下我们的意见，接受我们一半用信用证、一半用付款交单的方式如何？

答：实在抱歉，我们无法接受你们的建议。

问：这样吧，我们各让一步，如果你们答应提前一个月交货，我们就同意全部开具信用证交付货款。

答：可以考虑。但我们只能提前半个月交货，这样便于我方做好必要的安排。

问：好，那就起草合同吧，请将你们的货运码头或空运港口写在合同里。

提速实训六 [这是一篇议论文，共计319个汉字，要求在3分钟内听录（看录）完，110字/分钟]

将以下这些缩略词录入几遍后再进行这篇文章的听录练习（有数字键的用数字键上屏）。

安然2 公司 美国 能源业2 该公司2 成立于 总部设在
德克萨斯州 休斯敦5 刚成立4 只是2 天然气 分销商4 破

产7　已经成为　拥有4　亿美元　资产5　发电厂3　控制着2　一条6　输送管道　并且　提供3　有关2　能源　输送2　咨询3　建筑工程　服务2　世界头号　交易商0　最大的2　批发7　市场经管　项目3　曾在5　财富　调查中　连续四年2　荣获4　创新精神2　2000年　评为2　鼎盛时期　年营业额　员工6　业务2　遍布5　欧洲　亚洲6　其他地区　根据　破产法2　的规定　纽约3　破产法院　申请破产　保护3　成为　有史以来2　规模最大的　公司破产案

安然之死

安然公司（ENRON）是美国能源业巨头，该公司成立于1985年，总部设在美国德克萨斯州的休斯敦。公司刚成立时，只是一家天然气分销商，但在2001年12月破产前已经成为拥有340亿美元资产的发电厂及控制着一条长达32000英里的煤气输送管道，并且提供有关能源输送的咨询、建筑工程等服务的世界头号天然气交易商和全美最大的电力交易商，占有领先的能源批发等市场经营项目。安然公司曾在《财富》杂志的调查中连续四年荣获"美国最具创新精神的公司"称号。2000年被《财富》评为世界500强的第16位，其鼎盛时期年营业额达一千亿美元，雇用员工两万多人，业务遍布欧洲、亚洲和世界其他地区。

2001年12月2日，根据美国《破产法》的规定，安然公司向纽约破产法院申请破产保护，成为有史以来规模最大的公司破产案。

提速实训七　[这是一篇说明文，共计313个汉字，要求在2分30秒内听录（看录）完，120字/分钟]

将以下这些缩略词录入几遍后再进行这篇文章的听录练习（**有数字键的用数字键上屏**）。

征订启示4　为了加强　书记员2　职业能力2　建设2　配合国务院　2015年　29日　发布5　《国家职业分类大典》　规范化标准化　职业化4　方向发展　持证上岗　要求　中国检察出版社针对6　检察机关2　纪检监察部门　讯问人员　掌握　速录技能速7　培训教程　配套使用　双文速录　系统介绍　计算机速录原理3　方法　实训技巧4　秘书人员　高级速录师　进行　能力2　培训　实训教材　通过　学习　配套的2　速录软件　应用　具备2标准指法3　的前提下　学习者5　一个月　时间内　达到3　汉字3每分钟　录入速度　基本上　能够满足　讯问9　语言信息　口语语言　肢体语言　的需要

征订启示

为了加强书记员的职业能力建设，配合国务院 2015 年 7 月 29 日发布的《国家职业分类大典》中分列的书记员向规范化、标准化和职业化方向发展的持证上岗要求，中国检察出版社出版了针对检察机关书记员、纪检监察部门的讯问人员掌握速录技能的教材——《检察机关书记员速录职业能力培训教程》以及配套使用的双文速录软件。

《检察机关书记员速录职业能力培训教程》系统介绍了计算机速录原理、速录方法和实训技巧，是检察机关、秘书人员和高级速录师进行计算机速录能力培训的实训教材。通过本教程的学习和配套的速录软件的实训应用，在具备标准指法的前提下，学习者可在一个月时间内达到 120~180 个汉字/分钟的录入速度，基本上能够满足讯问时语言信息（口语语言和肢体语言）采集的需要。

提速实训八［这是一篇议论文，共计 312 个汉字，要求在 2 分 30 秒内听录（看录）完，130 字/分钟］

将以下这些缩略词录入几遍后再进行这篇文章的听录练习（**有数字键的用数字键上屏**）。

亚当和夏娃　一同生活在　你想想2　这可是　生活在3　极乐世界　一对夫妻　但是2　后来发生了　一些事情　让他们　离开了乐园4　故事6　告诉3　可以　随意3　伊甸园6　一切2　除了一样2　不可以　智慧树8　这可不是　普通的　善与恶　那么2意味着什么　如何区分　忍不住诱惑　什么是　评价2　我们　一旦认为3　哪个人3　是不好的　在头脑中　存储3　这一想法　而且我们会　一次又一次　自己7　强调　那些　他是坏人3　证据3之后2　每一次　这个人3　我们都会　带着这种　想法2　交流3这种　建立在　负面看法　的关系　不能　存在的　因此　被赶了出来　他们　评判9　就不再　属于

★录入技巧提示：被赶出，输入"被赶出去"，删除"去"字。

亚当和夏娃

《圣经》里说，亚当和夏娃一同生活在天堂里。你想想，这可是生活在极乐世界中的一对夫妻呀！但是后来发生了一些事情，让他们离开了这所乐园。

在故事里，上帝告诉亚当和夏娃，可以随意享用伊甸园里的一切，除了一样——不可以吃智慧树上的果实。这可不是普通的树，它能让人分辨善与恶。那么偷吃智慧树的果实意味着什么？善与恶又如何区分呢？

亚当和夏娃忍不住诱惑，犯下了原罪，被赶出天堂。什么是原罪呢？评价就是原罪。我们一旦认为哪个人是不好的，立马就会在头脑中存储这一想法。而且我们会一次又一次地向自己强调那些"他是坏人"的证据。之后，在每一次与这个人的互动中，我们都会带着这种想法与他交流。这种建立在负面看法上的关系，是不能在天堂中存在的，因此亚当和夏娃就被赶了出来。他们有了评判善恶的智慧，就不再属于天堂了。

提速实训九 [这是一篇议论文，全文 359 个汉字，要求在 2 分 40 秒内听录（看录）完，140 字/分钟]

将以下这些缩略词录入几遍后再进行这篇文章的听录练习（**有数字键的用数字键上屏**）。

年前2　世界2　政治格局　已经变得2　面目全非　撒切尔夫人　世界保守革命　以来　短短的6　战略格局3　已经　美英4　策划　全球2　隐蔽经济战　猛烈炮轰　苏联6　东部地区4　欧亚大陆　超级大国　威风凛凛　曾经2　击败了4　数百万2　希特勒4　虎狼之师　核弹头3　对抗5　美国　毫无惧色　软硬兼施2　攻心战5　土崩瓦解　社会主义　不复存在　东西4　对立7　发展起来的　南北斗争3　偃旗息鼓　失去了　轰轰烈烈2　势头5　第三世界国家　已经无法　团结一致　争取利益2　遍体鳞伤　丧失了　显而易见　无论在　国际和国内　战场上5　大获全胜　国际战线上　第三世界　消除了5　来自　南方3　威胁3　国内战线上　政府　实现了　大资本2　社会　战略目标　经济管理　出版社

30 年前的世界政治格局已经变得面目全非

从里根和撒切尔夫人发动"世界保守革命"以来，短短的 30 年间，昔日的世界战略格局已经面目全非，美英策划的全球隐蔽经济战的猛烈炮火已经横扫了苏联的东部地区和欧亚大陆，昔日的超级大国苏联何等威风凛凛，曾经击败了数百万希特勒的虎狼之师，拥有上万枚核弹头对抗美国毫无惧色，却在美国软硬兼施的攻心战下土崩瓦解，抗衡西方的社会主义阵营也不复存在；趁"东西对立"之机发展起来的"南北斗争"，也逐渐偃旗息鼓，失去了轰轰烈烈的势头，第三世界国家已经无法团结一致地争取利益，不是被美英隐蔽经济战的炮火打得遍体鳞伤，就是被分化、收买而丧失了斗争的勇气。

显而易见，里根和撒切尔夫人发动的"世界保守革命"无论在国际和国内战场上都大获全胜，在国际战线上已击败苏联和第三世界，消除了来自"东方"和"南方"的威胁，在国内战线上已击败大政府和大劳工，实现了"大资本"和"小社会"的战略目标。

——选自《软战争》（杨斌著，经济管理出版社）

提速实训十（这是一篇叙述文，全文共计 327 个汉字，要求在 2 分钟内听录完，150 多字/分钟）

将以下这些缩略词录入几遍后再进行这篇文章的听录练习（有数字键的用数字键上屏）。

金字塔2　有一天　企业家　头脑　古埃及3　无所事事地　一边　葡萄5　女人3　孩子们3　突然意识到　自己7　不可能　永远2　这一切　终有一天4　于是　一定有2　某种方式　可以　丰功伟绩　让我7　想了一会儿　突然　或者　我想到了　人类历史上　最大的2　比以往6　任何人　建造3　任何　都要3　雄伟7　甚至2　以往7　任何一个　想法2　头脑中　产生　那一刻　肯定　比以前更　从那一刻起　一直7　萦绕在3　脑海中　吃饭时2　无论如何　一定要实现　这个想法　因此　召集到一起　实现2　执行权4　那些　拿着6　这些人　知道3　如何运用　他们　手中的权力

金　字　塔

有一天，颇有企业家头脑的古埃及国王正无所事事地一边吃着葡萄，一边和女人、孩子们嬉闹着。这时他突然意识到自己不可能永远享受这一切，终有一天会死去。于是他想："一定有某种方式可以铭记我的丰功伟绩，让我不朽。"他想了一会儿，突然大叫道："竖立巨碑，建起一座庙宇吧！或者……哈，我想到了，何不建一座金字塔呢！一座国王的坟墓，人类历史上最大的坟墓，比以往任何人建造的任何建筑都要雄伟，甚至比高山还要高大！"

哈，这个比他以往任何一个想法都伟大的想法在他头脑中产生的那一刻，国王口中的葡萄肯定比以前更甜蜜。从那一刻起，这个设想就一直萦绕在他的脑海中，让他吃饭时想着它，睡觉时想着它。无论如何，他一定要实现这个想法。

因此，他把大臣、监工、工头等召集到一起，把实现自己这一愿景的执行权交给了那些拿着长鞭和铁链的人，这些人知道如何运用他们手中的权力。

提速实训十一（这是一篇叙述文，全文共计 448 个汉字，要求在 3 分钟内听录完，150 多字/分钟）

将以下这些缩略词录入几遍后再进行这篇文章的听录练习（有数字键的用数字键

上屏）。

　　企业维权　市场经济　法治经济5　企业　只顾自己2　生产经营2　外界2　风吹草动　已经　行不通了　健康发展2　一方面　谨慎8　经营6　避免　自己的产品　无意识之中　侵犯了4　他人的2　知识产权　防止2　自己7　苦心经营2　品牌2　宣传2　不正当竞争纠纷2　另一方面　运用3　法律武器　积极维护3　自己的3　恶意竞争　对于　产权4　服务2　拓展6　范围比较广　有必要　通过各种渠道　搜集3　相关信息　检查4　是否有2　其他企业2　商标权3　许可权限　结束后　仍然　使用2　未经许可　专利技术2　著作权　侵权行为　根据情况　可以　有关2　行政机构　投诉4　法院　依法3　提起诉讼　请求法院　判决3　停止侵权　消除影响　赔偿损失　涉嫌犯罪　侵权人2　侦查机关　追究其刑事责任　一些　产品　侵权5　的情况　可能　每天都在发生　如不采取　连续2　打击3　措施2　产品形象　可能会　受到　严重影响　市场　很快　为此　成立3　专门3　打假维权　部门2　进行　不间断的7　如果　势单力薄　专业机构9　合作　联合4　采取行动

★录入技巧提示：侵犯了他，可输入"侵犯了他的"，删除"的"字。

企业维权

　　市场经济是法治经济，企业只顾自己的生产经营，不管外界的风吹草动已经行不通了。要想使企业健康发展，一方面，要谨慎经营，避免自己的产品无意之中侵犯了他人的知识产权，防止自己苦心经营的品牌宣传卷入与他人的不正当竞争纠纷中；另一方面，还要运用法律武器，积极维护自己的知识产权，防止他人的恶意竞争。对于产权或服务拓展范围比较广的企业，有必要定期通过各种渠道搜集相关信息，以检查是否有其他企业仿冒了自己的产品，侵犯了自己的商标权，是否有企业在许可权限结束后仍然还在使用自己的商标，是否有企业未经许可就使用了自己的专利技术，是否有企业盗用了自己的著作权等。对于侵犯了自己知识产权的侵权行为，根据情况，可以向有关主管的行政机构投诉，也可向法院依法提起诉讼，请求法院判决停止侵权，消除影响，赔偿损失。对于涉嫌犯罪的侵权人，应报请侦查机关追究其刑事责任。一些大的企业，产品被侵权的情况可能每天都在发生，如不采取连续的打击措施，企业的产品形象可能会受到严重影响，市场可能会很快丢失。为此，有必要成立专门的打假维权部门进行不间断的打假维权，如果企业势单力薄，还可与专业机构合作，联合采取行动。

提速实训十二（这是一篇叙述文，全文共计 373 个汉字，要求在 2 分 20 秒内听录完，170 字/分钟）

将以下这些缩略词录入几遍后再进行这篇文章的听录练习（有数字键的用数字键上屏）。

我国　科技　体育　发展　科技发展　中国　世界先进水平　跟踪7　世界2　科技前沿2　大力发展　高新技术3　经过　半个多世纪2　不懈努力　已经　基础科学　技术创新　取得了巨大成就2　并形成了4　载人航天　高效能3　计算机　超大规模集成电路　第四代移动通信　成果3　目前　中国科技4　研发人员　总量2　居世界第二位2　发明专利　申请4　居世界第四位4　论文6　全社会　科技支出　居世界第五位5　为实现　共同进步　世界上2　一百多个　国家和地区　政府间3　科技合作　协议4　体育事业　重视6　人才的培养　全民健身运动　尤其是　2008年　北京奥运会　成功后　投入了　大量的　人力、物力、财力　呈现给3　世界人民　成功2　奥运　特色　事实证明　兑现了自己的承诺　科技奥运　绿色奥运　人文奥运　的理念3　贯穿到8　奥运场馆　建设2　组织安排　每一个细节　成功举办　百年奥运　的梦想　充分认识

★录入技巧提示：听命，录入"听命于"，删除"于"字。

我国的科技与体育发展

在科技发展上，中国瞄准世界先进水平，跟踪世界科技前沿，大力发展高新技术，经过半个多世纪的不懈努力，已经在基础科学和技术创新上取得了巨大成就，并形成了载人航天、高效能计算机、超大规模集成电路、第四代移动通信等一批成果。目前，中国科技研发人员总量居世界第二位，发明专利申请量居世界第四位，国际论文总量居世界第四位，全社会科技支出居世界第五位。为实现科技共同进步，中国已经与世界上一百多个国家和地区签订了一百多个政府间科技合作协议。

在体育事业上，中国既重视体育人才的培养，也重视全民健身运动。尤其是申办 2008 年北京奥运会成功后中国投入了大量的人力、物力、财力，立志要呈现给世界人民一个成功的奥运、特色的奥运。事实证明，中国兑现了自己的承诺。"科技奥运、绿色奥运、人文奥运"的理念贯穿到奥运场馆建设和奥运组织安排的每一个细节之中。北京奥运会的成功举办，圆了中国百年奥运的梦想，也让世界充分认识了当今的中国。

提速实训十三（这是一篇叙述文，全文共计716个汉字，要求在4分钟内听录完，180多字/分钟）

将以下这些缩略词录入几遍后再进行这篇文章的听录练习（**有数字键的用数字键上屏**）。

文字改革　新中国　政府　发展经济　需要　提高2　人口素质　离不开　教育　语言文字　水平　必须要有2　工具7　制定8　汉语拼音文字　方案　工作　自然而然地　最高领导者　工作日程　用什么5　一开始　斯大林8　毛泽东　都认为2　中国是一个大国2　可以　而且　应该　有自己的2　民族3　字母0　委员会　认真的　研究2　好几年　可是　研究来研究去　满意2　结果2　毛主席3　如实汇报　虚怀若谷　从谏如流2　实事求是　尊重科学　当即拍板　国际通用4　拉丁字母　面对3　来自　知识分子　重重阻力　亲自做　思想工作　中央召开2　问题　会议上　同志　提倡2　我很赞成2　将来　采用　你们　赞成不赞成　广大群众　问题不大　有些问题　怎么能　外国2　但是2　看起来　还是　这种　比较好2　在这方面　很有理由　因为　只有3　二十几　简单明了　汉字3　实在　比不上2　不要以为　那么好4　几位　跟我说　世界2　最好的　文字2　改革　不得8　中国人　发明2　大概　没有问题　问题就出在　学习　事情　早已有之2　例如　阿拉伯数字　早已5　地方　世界上2　大多数国家　是否　我看不见得　凡是3　好东西2　对我们3　有用的东西2　就是要　统统8　拿过来　并且　变成3　自己的东西　中国历史上　就是这么做的2　这么做　都是　很有名3　不怕5　欢迎4　态度　方向正确　大有好处　现代化

★录入技巧提示：中华人民共和国成立，可输入"中华人民共和国成立了"，删除"了"字；"缉"字，输入"缉捕"（j'buv），删除"捕"字。

文字改革

1949年中华人民共和国成立。新中国政府发展经济需要提高人口素质，提高人口素质离不开教育，实施教育离不开语言文字，提高语言文字水平必须要有一套启蒙工具——制定汉语拼音文字方案的工作就自然而然地摆上了最高领导者的工作日程。用什么符号？一开始，从斯大林到毛泽东都认为中国是一个大国，可以而且应该有自己的民族字母，方案委员会也认真地就民族字母研究了好几年。可是，研究来研究去，难有满意结果。吴玉章向毛主席如实汇报，毛主席虚怀若谷、从谏如流、实事求是、尊重科学，当即拍板——用国际通用的拉丁字母！面对来自知识分子的重重阻力，毛主席亲自做思想工作。1956 年 1 月，在中央召开的知识分子问题会议上，毛主席说："会上吴玉章同志讲到提倡文字改革，我很赞成。在将来采用拉丁字母，你们赞成不赞成呀？我看在广大群众里头，问题不大，在知识分子里头有些问题。中国怎么能用外国字母？但是，看起来还是以采用这种外国字母比较好。吴玉章同志在这方面说得很有理由。因为这种字母少，只有二十几个，向一面写，简单明了。我们汉字在这方面实在比不上。比不上就比不上，不要以为汉字那么好。有几位教授跟我说，汉字是'世界万国'最好的文字，改革不得。假设拉丁字母是中国人发明的，大概就没有问题了。问题就出在外国人发明、中国人学习。但是，外国人发明、中国人学习的事情是早已有之。例如阿拉伯数字，我们不是早已通用了吗？拉丁字母出在罗马那地方，为世界上大多数国家所采用。我们用一下，是否就有卖国嫌疑呢？我看不见得。凡是外国的好东西，对我们有用的东西，我们就是要学，就是要统统拿过来，并且加以消化，变成自己的东西。我们中国历史上汉朝就是这么做的，唐朝也是这么做的，汉朝和唐朝，都是我们历史上很有名和很强盛的朝代。他们不怕吸收外国的东西，有好东西就欢迎。只要态度和方向正确，学外国的好东西，对自己是大有好处的。"

——选自《语文现代化论丛》（第八辑，36—37 页）

提速实训十四（本实训素材属于法律术语较多的文章，全文共计 406 个汉字，要求练习到能够在 2 分 10 秒内听录完为止，190 字/分钟）

将以下这些缩略词录入几遍后再进行这篇文章的听录练习（**有数字键的用数字键上屏**）。

庭审 3　陪审团　在美国　司法程序　具有　举足轻重　的作用　不仅 4　刑事案件　立案　必须　大陪审团　审理 5　必须有 5　参加　而且　民事案件　要求　参加　案件 2　那么 2　就必须　法庭　事实上　法官 2　有鉴于此　任何　对于　行为不轨　指控 6　都有可能　导致　最终判决　不能成立　在开庭前　控辩双方　进行一次　听证会 5　以便 3　认定事实　详细查明 2　这些　可能存在　不当行为 4　证据 3　举行 6　几天前　开始 2　审阅案卷　证人誓词 2　诉讼法律　最大特点　防止 2　当事人一方　法院　单方面接触　需要　双方见面　接触 7　同时　双方 2　发出通知　共同 2　讨论问题　否则 2　一旦 0　另一方当事人　抓住把柄　上诉法院　据此改判　肯定无疑　事实 4　调查结束 2　开始研究　决定　适用法律　的问题　当然　事实和法律　有时是 5　交织在一起 2　早已把　书面陈述　呈递给 4　一般情况下　总是 2　在法庭上　进行　再次 3　公开辩论　的机会 4　除非 3　问题　很简单

庭审与陪审团

在美国的司法程序中，陪审团具有举足轻重的作用。不仅刑事案件的立案必须由大陪审团定夺，刑事案件的审理必须有陪审团参加，而且在民事案件中，只要一方要求有陪审团参加，那么，案件的审理就必须有陪审团参加。陪审团是法庭事实上的法官。有鉴于此，任何对于陪审团行为不轨的指控，都有可能导致案件最终判决不能成立。

在开庭前，法官通知控辩双方将举行一次听证会，以便认定事实，详细查明这些可能存在的不当行为的证据。

在举行听证会的几天前，法官开始审阅案卷和证人誓词。美国诉讼法律中的一个最大特点就是防止任何当事人一方与法院的单方面接触。法官需要与双方见面或当事人一方要求与法官接触时，法官同时向双方发出通知，与他们共同会面，讨论问题。否则一旦被另一方当事人抓住把柄，上诉法院据此改判将肯定无疑。

对事实调查结束后，法庭便开始研究决定适用法律的问题。当然，事实和法律有时是交织在一起的。双方律师早已把书面陈述呈递给法官。一般情况下，法官总是给双方在法庭上进行再次公开辩论的机会，除非问题很简单。

——选自《现在开庭》（乔钢良著，三联书店出版发行）

第九单元　速录工作实践中的常见问题

第八单元的提速实训是将缩略词提前选出来供学员练习熟练或有印象后再进行整篇文章的看录和听录，这样能够有效和准确地使用缩略词，避免因误击出现错误。但这种现象在工作中是不存在的。提速训练中将缩略词挑出来供学员们单独练习是一种教学引导手段和方法，是一种提示，目的是让学员掌握词汇中语句的录入技巧以及在工作中能够实时分析判定语素的缩略与非缩略方法。

本单元从速录工作者的工作实践经验出发，将从事速录工作可能遇到的一些情况的解决办法提供给广大的公安民警，供其在速录工作实践中参考。

第一节　造成误击的原因

什么是误击？误击的原因是什么？所谓误击，是指在速录过程中，因为击键有误而导致词语没有上屏不得不删除重新输入。这样一个过程浪费速录时间，对记录瞬间即逝的语言来讲往往很被动，就像做事返工一样。

造成误击的原因有以下几种：

第一，误用缩略词。在速录过程中，由于大量缩略词的使用，用户也就产生了对缩略词的依赖，由此可能造成的问题就是将一些非缩略词当成缩略词来使用，结果发现词库没有该缩略词而不得不删除重新输入，这不仅浪费了一定的时间，还造成了精神紧张，导致丢句或落字。

第二，输入拼写时的字母有误。比如输入"将军"一词，应该是 jjjd，结果录成了 jjjon，发现没有"将军"这个词时不得不删除重新录入。

第三，输入声调有误。比如听到"王亚文"这个人名时，"王"是高频字，"亚（ial）"字在录入时将四声声调输成了三声声调，结果没有这个字，不得不删除重新输入。

第四，漏掉了声调字母。比如输入"德行"一词时，漏掉了声调字母，将 dcxe 输入成了 d'xe，结果没有这个词，不得不删除重新输入。

误击是影响速录速度的最大障碍之一，不能准确使用缩略词则是影响速录速度的另一障碍。

不能准确使用缩略词的原因主要表现在以下几个方面：

其一，感觉上都是高频字，就按照高频字一个字一个字地录入。比如，不得不（bdb）、而没有（emi）、一个又一个（igiig）、不大可能（bdkn）这样的短语差不多都是由高频字和常用词构成的，因而在速录时就按照高频字和常用词方法来录入。

其二，一些四字短语都是由常用词构成的，就按照常用词的方式输入。本来这些词可以用 4~5 键（空格键上屏是 4.5 键、数字键上屏是 5 键）上屏，结果选择了用两个常用词分别上屏的方式，如企业管理、公共关系、工作热情、了解情况、人民警察、公共秩序这样的词，因前后两个词都是常用词，按照常用词来录入（企业—管理、公共 2—关系、工作—热情 2、了解—情况、人民—警察 5、公共 2—秩序 ylxol），这样每个词就比按四字词的缩略形式多增加 0.5~3 键。

其三，一些属于缩略句子的却按照字词的形式录入。比如，"不入虎穴，焉得虎子"这句谚语只需要击 5.5 键（前 4 个字读音的首字母和最后一个字读音的首字母+空格键）即上屏，如按照高频字和字词的方式速录则费时费力。

以上是因为误击和不能准确使用缩略词而影响速录速度的主要原因。如何避免误击，准确使用缩略词呢？首先，我们应该从对双文速录软件本身的词库进行了解入手，进而针对不足来解决实际问题；其次是不断用各种素材的材料进行速录训练，以强化对词库的认识和了解。

第二节　避免误击以及准确使用缩略词的方法

避免误击率和准确使用缩略词是个硬指标。双文速录的学习者和应用者首先要对双文速录的词库有一个大概的了解，才能做到知彼知己、运用自如。双文速录软件的词库侧重于政治、法律、经济、教育等社会科学方面以及社会生活方面的短语、词组、成语、术语等词条，其中单字 21000 多个，二字词 60730 条（另设缩略常用词近 6000 条），三字词（缩略语）65066 条，四字词（缩略语）285686 条，五字及五字以上的词条 142352 条。

从上述的词条统计数字可以看出，在 50 多万词条中，缩略语就占了近 50 万条。但是，我们一再强调的是：双文速录的词库不可能包罗万象地将所有的专业术语、专业名词都以缩略方式纳入到词库中。针对词库中没有的某些专业术语、名词，用户可以根据自己的需要用自造词的方法造进去，这样就避免误击了。长期从事口语语言实时生成书面语言的速录人员，久而久之往往会形成自己的速录词库，而且对词条的序位能做到了如指掌。

一、有关"打词销字法"的运用

受双文速录的辅音+声调原理、单元音+声调原理和双拼原理影响，两个字母组合直接产生了若干缩略首字母与单字读音相同的二字常用词，比如 gc 既是单字（……6. 革，7. 隔，8. 格，9. 镉，0. 搁……）同音字的读音，又是读音首字母是 g、c 的常用词的缩略首字母（1. 刚才，2. 钢材，3. 高层，4. 国策，5. 故此……）。为了应用方便，双文速录将这些常用词都排在了从 1 开始的数字键位上，后面的键位则是由两个字母合成（相拼）的同音单字。

单字的同音字很多，有的要翻很多页。如何避免因翻页而耽误录入时间呢？"打词销字法"能够解决这一问题。譬如：

邵臻是我高中时期的同学（"臻"字可以输入"臻于"一词，删除"于"字）。

他蒸了一锅馒头（"蒸"字可以输入"蒸笼"或"蒸发"这样的词，删除"笼"或"发"字）。

刘戡是一位将军（"戡"字可以输入"戡乱"一词，删除"乱"字）。

还有一些缩略语也可以用"打词销字法"处理。例如，这本书经过修改后，内容较以前更加丰富了。这句话中的"内容较"可以输入"内容较多"（nrjd）一词删除了"多"字。

灵活运用"打词销字法"可有效提高录入速度。

二、句子分析与击键的连续性

句子分析是指在录入过程中，每听到一句话，头脑中立即定位这句话的语素段或短语段，并将这些语素段或短语段实时反映到手指上，从而使手、脑、耳高度协调一致，使击键既准确又连续，达到高速录入的目的。譬如，当听到"民法总则规定的民事法律行为、不当得利、无因管理、不可抗力、公民的死亡等，都是法律事实"这段话，头脑中应立即能够分析出民法总则—规定—的—民事法律行为、不当得利、无因管理、不可抗力、公民—的—死亡—等、都是—法律事实这样 13 个缩略语素段。在这 13 个语素段中，都是、规定、公民、死亡四个单词都是 2.5~3 键次的常用缩略词，其他都是四字以上的缩略词。

再如："我问你会不会做这道题？你怎么不吭声呢？一年又一年、一天又一天的这么耗下去可怎么得了？'少壮不努力，老大徒伤悲'。慢慢的你会后悔的。"这段话如何划分语素段并录入呢？下面提示正确的录入方法：我问你—会不会—做—这道题？你—怎么—不吭声—呢？一年又一年、一天又一天—的—这么—耗下去—可—怎么得了？"少壮不努力，老大徒伤悲"。慢慢的—你—会后悔的。

从上述举例中可以看出，这段话由 19 个语素段构成，如果将一些句子分开来录入，其录入速度会大打折扣。因此，正确划分句子中的语素段有利于击键的连续性，对准确使用缩略语和快速录入至关重要。

在同样的时间单位里，正确划分语素段与不能正确划分语素段的效果是相对的，前者事半功倍，后者则事倍功半。正确掌握语素段的划分，源于大量提速素材的训练和个人的主观努力。

开始时所有的学员都不具备正确划分语素段的能力。随着实训时间的推移和经验的积累，快慢结合、张弛有度，正确划分语素段的基本功就慢慢养成了。

三、压句训练

一个合格的速录师（书记员）一定要掌握压句方法。所谓压句方法，就是在速录时，要做到手上打一句、头脑中储存一句、耳再听一句的循环性技巧。学生在练习过程中如何掌握这种技巧呢？首先先练习一句话，也就是说当一句话结束后，才开始进行录入；其次是增加两句话，也就是待两句话说完，再开始记录第一句话；最后是待说第三句话的时候，开始记录第一句话。这样循环的练习，就可以练习出压句的能力和技巧。

第三节　中级速度训练中常见的问题及解决方法

在学员的录入速度达到 160 个汉字/分钟以上即可进行中级速度提速训练了。

一、在快速录入过程中漏键、按错键怎么办？

在进行快速练习的过程中，有的学员为了追求速度，经常会漏键、按错键，这是为什么呢？在快速录入过程中，手指有可能没有回到基准键上，造成键入错误；也可能是因为按键过轻，没有按到位置，造成漏键。这说明该学员对键位掌握得不够，应该加强指法练习和盲打训练，同时注意掌握好按键的力度。

二、练习过程中只要看一眼练习系统中的速度，速度就会下降怎么办？

在练习的过程中，有些学员想知道自己的速度提高了多少，就忍不住看上面的速度数据，结果一不留神速度就降下来了；还有一些学员看到自己打的速度快，就不相信自己；还有一部分学员觉得自己练习很久了，而速度提升得太慢，内心感到恐慌，等等。无论是何种情况，我们都要保持平常的心态，录入的时候要专心，全心全意地做一件事情，速度就会像上台阶一样一步步地提升。

三、在听录练习过程中跟不上语速怎么办？

在我们练习系统的录音中，有固定速度的录音文件，一开始的时候有可能跟不上，在这种情况下，听到完整的一句话后再按暂停键，录入完毕后再进行下一句，但在下一句的听录过程中要争取跟上，尽量缩短暂停时间，一次比一次要快，这样就慢慢具备了高速度录入的能力。

第十单元　汉字查字识字法

速录是以语音信息采集为手段的职业技能。汉字查字识字法可使书记员、公安民警等从事笔录工作的人员在文本看录遇到不会读的汉字时仍能正确录入。

在双文速录软件应用状态下，击"／"键后进入汉字查字识字功能状态。

一、查字识字的作用

查字识字的作用在于：一是解决了输入时遇到不会读的汉字怎样打出来的问题；二是阅读时对不认识的汉字可起到确认读音的作用。

二、查字识字的方法

第一，将汉字的 8 个根部件（一个笔画的）和 156 个虚部件（即两个笔画以上的汉字偏旁、部首和半边字）赋予读音，将读音的首字母对应在计算机的键盘键位上，如"氵"读 shuǐ，"扌"读 tí，键位分别是 s 和 t［参看《中华汉字速成教程》（3500字版），第 1~3 页］。

第二，用部件组成 330 多个实部件（即独体字和成体字），将实部件读音的首字母对应在计算机键盘的键位上，如"工"读 gōng，"口"读 kǒu，"工"和"口"两个独体部件读音的首字母对应于计算机键位 g、k。如果对合体字"跌""肟"不认识而无法用双文速录软件输出来时，击"／"键后，输入"跌"字的三个部件口、止、夫的首字母 kyf 和"肟"字的两个部件月、亏的首字母 ok，读音栏内就显示出"跌"（fu）和"肟"（uel）的读音，击数字键 2 上屏。

查字识字中的字库是国家标准 GB-13000，共有 21000 多个汉字，与双文速录使用的字库完全一致。汉字部件归类见表 10-1：

表 10-1

首字母与键位	汉 字 部 件 总 表
A	凹 印 青 幽
B	八 巴 白 百 半 贝 本 匕 必 丙 秉 卜 不 采 币 办 卞 卑 兵 癶 手 宀 扌 峀 广 而 少 半
C	才 册 匆 寸 束 歺 曲 卄 凿 中
D	丶 大 歹 丹 刀 电 刁 丁 东 弟 氏 鼎 斗 旦 单 当 典 丷 曲 艹 产 弟 長 丿
E	儿 耳 二 而 勹 阝 刂 丿 乀

续表

首字母与键位	汉 字 部 件 总 表
F	发 飞 非 丰 夫 弗 甫 市 方 凡 父 乏 匪 厂 几 夕 声
G	丿 丐 干 甘 戈 个 更 工 弓 瓜 果 艮 广 鬼 共 革 毌 牛 小 目 罒 夬
H	一 禾 乎 互 火 户 黑 或 奂 亥 灬 雀 儿 芈 虍 車
I	乙 丫 牙 亚 严 央 夭 也 业 夷 已 乂 弋 亦 永 用 由 酉 又 尤 曳 幺 尹 义 尢 羊 衣 医 九 丬 兴 攵 为 正 讠 昜 美 戋 衤 礻 与 即 宀 彐 羊 亦
J	及 己 几 夹 甲 柬 见 巾 斤 井 九 久 臼 巨 今 具 击 兼 戋 丩 囗 旡 聿 韭 孑 矛 丌 堇 匠 戒 氶 段 艮 枣 乏 卩 钅 牛 勹 兯 丬 巾
K	开 口 丂 亏 匡 央 丁 匚 (凵 ⊐ ⼌ ⼌)
L	来 乐 里 力 立 吏 隶 了 龙 卯 耒 良 令 丽 两 六 角 ⼧ 刂 刂 少 亼 亼 罒 三 罒 𠃋 彐
M	马 毛 矛 卯 门 米 民 皿 末 母 木 目 灭 免 面 也 么 羊 尸 木
N	丶 乃 内 年 鸟 牛 农 女 廿 芦 爿 灬 乌 卅 曰 牛
O	于 与 予 雨 禹 曰 月 禺 聿 戊 奥 玉 元 云 月
P	丿 皮 片 平 爿 乒 乓 丕 匹 叵 疋
Q	七 其 气 千 且 丘 求 曲 羌 犬 区 ⺌ 丿丨 乑 至 犭
R	冉 人 壬 日 入 内 刃 戎 亻 夕 罒 人
S	三 丝 巳 四 肃 司 卅 厶 纟 亚 罒 申
T	一 天 田 凸 土 屯 毛 太 兔 头 扌 土 宀 丰
U	瓦 为 丸 万 亡 王 卫 未 我 乌 无 五 午 勿 戊 韦 兀 毋 武 乂 無 王 攵
V	产 长 厂 车 臣 承 尺 斥 赤 虫 丑 出 川 串 垂 丞 彳 行 豕 成 叉 刍 県 夫 牛
W	丨 山 上 少 申 身 升 生 尸 失 十 石 史 矢 士 氏 世 事 手 书 束 甩 水 豕 乡 甚 戌 勺 术 示 芦 肖 亻 豕 冫 衤 丷 业 刂 日
X	夕 西 下 乡 小 心 戌 血 习 熏 兴 匚 象 卂 巛 芈 缶 一 亠 丷 彐 罒 忄 乆
Y	⼎ 乍 丈 爪 兆 正 之 直 止 中 重 舟 州 朱 竹 专 主 争 真 只 豸 夂 隹 罒 韦 门 竹 自 疋 辶
Z	冉 子 自 匝 丆 夗

用查字识字方法将下列汉字输出来，并确定读音：

㳫（部件提示：氵宀夕巳）

鬆［部件提示：镸彡人土（超过5个部件以上的汉字，只输入前三个部件和最后一个部件的首字母即可）］

髻（部件提示：镸彡士口）

蝤（部件提示：虫丷酉）

蚰（部件提示：虫厶牛）

繇［部件提示：爫午凵小（超过5个部件以上的汉字，只输入前三个部件和最

后一个部件的首字母即可）]

　　巉［部件提示：山 匕 矢 疋（超过 5 个部件以上的汉字，只输入前三个部件和最后一个部件的首字母即可）]

　　摮（部件提示：耂 攵 山）

　　呑（部件提示：夭 山）

　　锏（部件提示：钅阝丁口）

　　砐（部件提示：石 艹 乂）

　　陋（部件提示：阝 而）

　　蒽（部件提示：艹冂大心）

　　黝（部件提示：黑 幺 力）

　　瓞（部件提示：田 瓜）

　　洇（部件提示：氵冂大一）

　　箕（部件提示：竹口贝）

　　笡（部件提示：竹当）

　　桷（部件提示：木 夕 用）

　　埡（部件提示：土亚）

　　鞠（部件提示：革幺力）

　　濞（部件提示：氵自田廾）

　　莡（部件提示：艹宀一疋）

　　沄（部件提示：氵云）

　　栎（部件提示：木 乐）

　　我们通过上述查字、识字、输出汉字的示例，基本上掌握了查字识字方法的要领。查字识字方法可以在本书附录一中得到实践。查字识字方法中最重要的是掌握虚部件（偏旁部首、半边字）的读音，因为我们都知道实部件（汉字中的独体字和成体字）的读音。掌握虚部件的读音即能够有效使用查字识字方法，如艹（读音为 cbv）、宀（读音为 yfv）、竹（读音为 yuc）（虚部件的读音见表 10-2）。

表 10-2　虚部件读音汇总表

虚部件	读音	首字母	虚部件	读音	首字母	虚部件	读音	首字母
〇	áo	A	〇	ào	A	〇	bài	B
〇	bǎo	B	〇	běi	B	〇	bì	B
〇	bìng	B	〇	biǎn	B	〇	bù	B
〇	bàn	B	〇	cān	C	〇	cáo	C
〇	cǎo	C	〇	céng	C	〇	dào	D
〇	diǎn	D	〇	dài	D	〇	dì	D
〇	duàn	D	〇	dāo	D	〇	ěr	E
〇	èr	E	〇	fǎn	F	〇	fēng	F
〇	fù	F	〇	guàn	G	〇	gào	G
〇	gōng	G	〇	guǎn	G	〇	gǔ	G
〇	gēng	G	〇	hè	H	〇	huāng	H
〇	hán	H	〇	hǔ	H	〇	huì	H
〇	yóu	I	〇	yǐ	I	〇	yì	I
〇	yè	I	〇	yān	I	〇	yán	I
〇	yáng	I	〇	yǎng	I	〇	yáo	I
〇	yī	I	〇	yí	I	〇	yǐn	I
〇	yǒng	I	〇	yìn	I	〇	jù	J
〇	jiǎ	J	〇	jí	J	〇	jiǎn	J
〇	jiàn	J	〇	jié	J	〇	jīn	J
〇	jǔ	J	〇	juǎn	J	〇	jiàng	J
〇	kuài	K	〇	kě	K	〇	kuàng	K
〇	lú	L	〇	lín	L	〇	lí	L
〇	lì	L	〇	lǎo	L	〇	liáo	L
〇	lù	L	〇	liú	L	〇	lǚ	L
〇	měi	M	〇	méi	M	〇	mù	M
〇	nà	N	〇	náng	N	〇	niǎo	N
〇	nòng	N	〇	nüè	N	〇	niú	N
〇	yuè	Y	〇	qián	Q	〇	qiáo	Q
〇	qīng	Q	〇	quǎn	Q	〇	rén	R
〇	rán	R	〇	rì	R	〇	sī	S
〇	sāng	S	〇	sì	S	〇	sǒu	S
〇	tí	T	〇	tǔ	T	〇	tū	T
〇	táng	T	〇	wèi	U	〇	wǔ	U
〇	wáng	U	〇	wén	U	〇	chūn	V
〇	chē	V	〇	shǒu	W	〇	shāng	W
〇	shí	W	〇	shǐ	W	〇	shuǐ	W
〇	shì	W	〇	shuài	W	〇	shàng	W
〇	shī	W	〇	shuāi	W	〇	xún	X
〇	xī	X	〇	xiè	X	〇	xià	X
〇	xuán	X	〇	xué	X	〇	xuě	X
〇	xīn	X	〇	zhuǎ	Y	〇	zhì	Y
〇	zhōu	Y	〇	zhú	Y	〇	zhuī	Y
〇	zhī	Y	〇	zhī	Y	〇	zuǒ	Z
〇	zǐ	Z						

附录

一　常用词、冷僻姓名、地名录入训练[*]

A

他暗藏利器　这是她的爱称　案例与案例分析　鹌鹑生的蛋叫鹌鹑蛋　癌瘤病哀怜　安乐死

暗恋不是在暗处爱恋，而是在心中爱恋。

爱财和爱财如命性质不同　他因过分哀愁挨呲了　按理分析你是错误的　你是他安插的内奸

阿姨腌的咸菜特别好吃，她还会熬制阿胶呢。但她最近心情低落，起因是她的丈夫长期从事金属元素——锕的研究工作，受到放射影响患上了癌瘤。

暗算他人的人自己也不会有好下场　寄托我们的哀思　奥赛是奥林匹克大赛的缩写名称

艾和平先生是研究金属元素——锿和非金属元素——砹的专家，他的妻子担心锿的放射性会影响丈夫的身体，整天唉声叹气的。艾先生知道后对她说："哎，不用担心，工作时是有特殊保护的。"

这是我的爱好　祝你们身体安康　案款上缴国库　他懊悔地竟然哀哭起来　他们接头的暗号是暗扣　方言真拗口

安老师说："清明前后埯瓜种豆。"说完，就开始大口大口地唵米饭，噎得直打嗝儿。

敖书记住在滦河岸边的敖包里，负责安保工作。一次，他去辽宁西公廒出差，在公路边看见一位老媪正在用鏊子烙饼，这种饼叫烙糕。他第一次见到这种食品，就买了一个吃起来，其香无比。就想顺便到山东鳌阴，浙江松岙、薛岙、富岙等地转转，看看那里都有些什么食品。

我的父亲个子矮矮的，我暗暗下定决心一定长个高个子，超过父亲。

孩子的母亲没有奶水，挨饿的孩子嗷嗷直叫。

---

[*]　说明：本部分词组、短句均是作者为学员进行相关练习创作，无文学或表意作用。

破案后，案犯受到惩处，受害人得到了安抚。

恐怖分子安放的炸弹被排雷战士排除了，被疏散的群众得以安置。

开奥迪的司机挨打了　黯淡的夜灯下几个人低头哀悼　鞍钢的东部有暗沟

她挨个儿地看，最后拿了个最昂贵的戒指。

阿姨的爱女最近双眼皮周围有一圈暗影，她说是查案熬夜造成的。

安排安检得安宁　安慰爱人安全行　按摩奥妙有奥秘　挨骂懊恼自哀鸣　暗夜碍眼防暗箭　矮胖挨批诉哀怨　安于傲慢无爱意　案子案由看案卷　昂扬遨游防暗礁　癌症哀伤又哀叹　矮人矮小有爱心　暗中暗杀且鏖战　安详安闲须安静　挨近暧昧防暗探　按揭爱家无按钮　傲人傲气不傲然　按月按期不按组　矮墙暗器藏暗间　矮子挨揍坳洼里　暗示凹凸将凹陷　昂头奥运人爱美　熬汤熬粥心安然　碍于哀求暗自想　按时安置心胸宽　案头案外案情有　傲物爱拼亦黯然　安培物理 IT 业　爱玩翱翔飞蓝天　安定方能有安逸　爱国才有傲骨见

E

感谢上帝的恩赐　她家住在二层　我已经去过两次　一双儿女都二十

这是不真实的讹传　经过肠胃消化而成的粪便恶臭

据耳传二老耳沉，耳垂特大。

耳聋和耳沉的词义　有二成的差异　在二楼的二层　恶狼　恶劣本质

鄂女士出生于四川向峨。有一次，她误食了莪蒿和莪术后感到很恶心，她就咨询安徽富峨的伙伴何小姐。

区先生是我的恩师，他和我都是福建雷堖人，我们住在同一小区里。他是研究<u>金属元素——铒和有机化合物——蒽</u>的闻名遐迩的专家。

恶霸定有恶报　恩爱获得恩典　欧亚欧洲欧安　耳科耳郭耳孔　欧美欧盟欧元　俄国俄文俄语　二维二者二线　欧俄俄欧俄而　恶性恶习恶言　欧阳欧姆欧文　耳穴耳旁耳畔　耳部耳鼻耳背　额外额头额前　遏制遏止讹诈　二号二婚耳环　恶棍恶毒恶果　额定额度二战　儿媳儿戏儿科　偶发藕粉偶犯　偶尔殴斗殴打　恩待恩德而言　而后而应而已　二分二级二环　而且偶遇俄美　恩公恩惠恩怨　耳根耳鼓耳垢　而非而今又　恩泽恩准恩情　耳风耳光尔后　恶徒恶化恶疾　二位二心相斗　耳膜耳鸣耳麦　怄气饿死体瘦　儿童儿子儿歌　呕吐恶心难救　耳闻耳塞耳语　偶像而外不求　噩梦噩耗厄运　鳄鱼遏阻儿孙

I

因此，宜饭前服药。

只有一次机会　依次列队而行　已隐藏了多年　天天有应酬　以地域而言

野菜的营养价值很高，可帮助人类度过饥荒。野草可以<u>防风固沙</u>，为<u>食草</u>动物提供食物。但烟草就不同了，它是制造烟雾、破坏环境的<u>罪魁祸首</u>。

黟县正在为"黟"字申报非物质文化遗产呢！

要严惩肇事者　养成准确应用同音字和多音字的习惯　又延长半年

遗传是有基因的，查遗传基因是有偿的。

严重依赖洓水的灌溉　能否登上九嶷山　医疗机构不许收红包的规定有利于患者

他去江苏杨宧村采访

山东峄山镇一年存款60亿，亦不知是真是假？

钟繇是古代魏国人。

他的业余爱好是到海中捕捉蛸蚜，到森林中捕捉蟭蛴，久而久之，被晒得黝黑。他的舅妈带着一筐柚子从广东省吉祐来看他，一见面，就嚷嚷道："哎哟哟！你的脸是涂了釉浆不成？黑黝黝的像个非洲人。"

尤先生用手把麦克风拉到自己跟前说："大家不要担心，有事的可以请假回家，有要事的马上就可以离开这里。我们这个团队是有优良传统的，有时虽有一盘散沙现象，但关键时刻还是能够团结一心的。以上就是我的发言。"

三年以内　业内精英　如有疑难请找我的养女

寇正胤与王荫权是同班同学，他们上课时不小心把墨水瓶碰倒了，墨水把书、笔记本全都洇透了，两个小朋友很懊恼。

尹先生是天津市潞溜人，他与浙江省鄞县的殷茵女士都是研究有机化合物——茚的专家。有一次，二人去江西省枚崟旅游，在餐饮店里看见一位男士在吃饭。

英俄关系与印俄关系　亚欧板块构造　娃娃鱼的叫声与婴儿的啼哭声差不多

他有恩于我，因而我要报答他。

有关银耳的食用方法，你应该一清二楚才对。

严格的培训和自身的用功　造就了他勇敢顽强的内在气质

英国有一家名叫"阳光工程"的教育机构。

叶绽雯是广西邕宁县人，从小生活在邕江江畔，上高中时随父母迁移到安徽埇桥区定居。[邕（ig），邕宁县]

亚洲的世界第一是什么？人口。

研制多年刚刚进入市场的优质产品，还没等收回研发成本，一模一样的盗版产品就铺天盖地倾泻而来。

一种进步的力量正在潜移默化地渗透到社会中。

应筱红出生于四川荥经县，后随父母移居河南荥阳市。她大学毕业后，考察了小说《红岩》描述的当年华蓥山游击队驻地；到河南颍上县考察了职业教育与地方经济发展的衔接程度。她与一直跟随着她的好友——嬴颖同学一同考察了四川漤溪和溇溪两个镇。[漤、溇（iyc）]

仅仅依靠游客是不够的

蒋先生邀请了姚处长到家里做客，同时商量一下单位医保的事。他买了半斤瓜子、半斤黄猺肉、半斤青猺肉、大约一斤羊肉，花了三十元。

眼看就要冬至了。北方的夜空，繁星被冻得直眨眼睛，大地被凛冽的寒风肆虐着，挺立的苍松摇摆着与"呜呜"呼啸的寒风相伴。

我们都要拥护他　遗憾的是我们至今仍在疑惑中　淫秽视频的制造者

晏院长是河南鄢陵县人，他和鄢审判长共同审理棪树村人燕老三奸污幼女案。负责记录的是书记员刘焱焱同志。

闫禹是四川灊城镇人，他跟随母亲去浙江岙口的舅舅家探亲。

阎凤娇是地理课老师，她说："山东省和安徽省各有一个琅琊山，琅琊山很险峻；河北省有一个狼牙山，狼牙山有'五壮士'的故事；石砑在重庆，北垭在山东。从贵州省的凉风垭到重庆市的黄桷垭有 300 多公里；从贵州省的琊川到山东省的洛河堐大约有两千多公里。这些地名对我们来说，有的很熟悉，有的则是很陌生的名词"。

教社会课的游老师说："政协的议案很多，公安局的要案不少，延安的延河沿岸有很多很多的有关友爱的故事。"

有人要求鹰派利用对方　一定要应用已经掌握的技术　由于他的阴谋没有得逞　你说的用法应当研究　他隐瞒了诱骗真相却依然装模作样　真善美是人类永远的追求　用人之长就是优点　英美两国的通用语言是英语　研发的意义是为了拥有核心技术　医药产品与医德医术同等重要　眼睛近视要配制近视眼镜　航班延误了

以下是我的意见，请将意见发到我的邮箱。

经常要挟别人的人一定是阴险之人　营造引资、验资的气氛　坐在硬座上听演奏　检察院一般都是作有罪辩护

依法依附找依据　应付应得难应急　银幕一代真勇猛　异地唁电送延期　业余演员颇优越　一起邀请谈议题　友谊永久如营养　严禁游泳炎热气　营业严谨摆样品　以免意见被演绎　一切赝品皆俨然　仰慕优美却严密　阴霾因素查要素　游人摇头不欢喜　因为银牌太遥远　囿于谚语不彻底　引入用品拍影片　液态用于变液体　应聘宴请吃羊肉　沿途业务作引擎　涌入氧气有要求　意图意思无意外　依托阳台展歌喉　有损严肃音萦绕　蚁族悠哉没中秋　庸俗引发亚非热　也许颜色引害羞　银色用途以为少　移送演戏不深究　一条以外无疑问　用作营销被没收　有些英文印象浅　以往游玩影响休

U

邬委员两眉之间长了个痦子。他在江西婺源县下过乡，也到过山东崂山搞过调查，曾在浯河河畔捕捉过鼯鼠和蜈蚣。最近，他买了一双靰鞡，说是要到东北的深山老林去体验冬天。

晚上的问候语是晚安　心底无私的人能干大事业　网速的快慢　他负责文案　政变未遂　瓦斯是一种有毒气体　物色几个行动无碍的人　尾随着他的外孙

一位六七岁的小男孩在用铁锹笨拙地挖蚯蚓，不远处一个有水的洼地里忽然传来呱呱的青蛙鸣叫声。小男孩脱掉鞋子和袜子，双手拉着挽到膝盖的裤脚儿寻声去找，找到后，碗口大的一只癞蛤蟆吓得他哇哇大哭起来。小男孩的父亲正在不远处的房子上瓦（ual）瓦。此时，他从房子上下来，一边朝孩子奔跑一边说："娃子，不要怕！爸爸来了！娃子，不要怕！爸爸来了！"

武老师说："万安、文安、瓮安都是我国的县级行政单位，呱底、东宓、薛家宓是山西省的乡镇名称，王子圲、朱家圽是陕西省的乡镇名称。"

　　文化是一个概念　维护知识产权　造成的危害　中秋晚会现在开始　还在顽抗真是勇士啊　唯恐文科考试不及格　文字是语言的物质外壳　据说往后的外科手术都用激光了

　　一位头上绾着鬓髻的姑娘，她脖子上戴着象征吉祥的字符项链，左胳膊挎着竹篮，右手拿着一把带把（bal）的弯刀，很专心地蹲在初春的麦田里剜苣荬菜。

　　有多少问题要解决　心愈善　舞台宽　无题就是没有标题　越来越稳妥

　　尉迟先生目前正在新疆尉犁服兵役，他委托我去陕西省的碨峪镇看望他的表姐魏薇卿。

　　隗小妹是四川峱家湾人，她对我们说："浍水是湘江的支流，涠洲是一个不大的小岛，而水砭镇、碨峪乡都在陕西"。

　　国家领土完整　巍峨的<u>昆仑山</u>　网站的网址　不是万能的而是无能的　玩偶注定是被人玩弄的　无奈的　往年这时候还很温暖　武装的概念是有杀人武器的组织或集团吗　位置有变化　万恶的骗子脚崴了　忘恩的人

　　外宾外表有外币　外办外边搞外包　网友完工设网页　外界外因大外交　外部温度外地事　顽固完蛋悔诬告　我党务必求稳定　文件完毕加文稿　晚点晚到没午饭　晚饭晚宴唯独好　无法稳步有危急　网点网费谈无聊　我国无疑真伟大　网购万亿成绩骄　违反违法没王法　物价忘记贴商标　万一往返枉费　午夜围攻劫匪逃　外国外语外聘高　外观污垢万分险　挽救玩命网民瞧　文艺文明白云下　外面污染真减少　外贸委员我唯一　诬蔑伪造判无期　文凭完美谁无缘　婉约文秘乃文员　违约问责又问罪　无语物品增外援　委派外企来慰问　顽皮玩牌定玩完　外派委培坐卧铺　忘却委屈保文物　无情歪曲入误区　完全围绕维稳需　无穷往事业为首　危险武器在须臾　为人顽强勿忘我　宛如委婉温柔居　外商微软生万物　完善文字页无数　外形往往无外人　委任文武寻帮助　污辱无谓再诬陷　污水威胁物资库　外在外泄撤外资旺盛无限松柏树　作无罪辩护　他往日都是晚上搞维修　往上一步一步地缓行　蚊子稳坐在他的帽子上

O

　　你的预测比较准确　这里蕴藏着多种矿藏　云层愈来愈厚　实施了远程的精确打击　这是个愚蠢的家伙　我预料这次舆论的动向比原来预料的更可怕　这种原理更省原料　娱乐场所的娱乐器械

　　这是一部原创，请放回书架原处。

　　于毓敏是广东械朴人，她最近被调到山东郓古城镇当镇长。

　　俞老师站在远处比画着，然后拉着他的学生卢煜辉的手说："走，咱们回邗郜去"。

　　禹城市的禹敏先生在江苏敔山做薯蓣生意，逐渐成了大老板。

　　遇难人数已上升到170人　云南的东南部与越南接壤　他允诺在三个月内完成　一场风暴正在酝酿中　余额已经不足　悦耳的歌声

　　云月娥是湖北郧县人，后来迁到福建筼筜定居，并在那里与山西河沄的恽满仓先生结婚。婚后，二人徒步到陕西栎阳、湖南岳阳、安徽黟岭下等地旅游。

袁老板从湖北浠市出差回到青岛，他的妻子苑婵娟正在家里与别人约会被他抓个正着。他从此怨恨妻子。一次，他随船队去远海远航，目的地是非洲的好望角。待他远航回来回到家时，他的妻子已在家里遇害有半个月了。

260 余人　这里有预赛的元素　原文是这样描述的　远在异国他乡　月租六千多块　月坛有一个闻名遐迩的乐团　远途的乘客请往里走　你计算一下这个鱼塘有多大面积　被冤枉的人约占 30%　院外看远山

预案原案是冤案　云安远安都是县　远眺云霭遮远景　预感越轨有渊源　预备阅兵援兵到　原本渊博在原版　愚笨迂腐皆缘故　冤屈冤情有源泉　孕妇晕倒住院部　月饼远比玉米甜　原定运动先约定　月底元旦转圆盘　远赴约旦志远大　遇到愚钝躲远远　预告远方多运费　原告预计找原配　远看远客有远见　月末哪有月光现　预算雨天看月份　员工远非怕愚钝　愿意预防设预警　遇见源头是缘分　约稿运营原因找　越野越过山原貌　岳阳云烟伴云团　园区原样景跃然　愉快运用予以赏　与人乐谱登月刊　预谋愚昧凿圆孔　约有院长来约见　元凶元月思越狱　月球月色月圆圆　预见余款运送走　越位越快越局限　源于域名运气好　逾越郁闷问原判　孕育元气很愉悦　逾期月票抛弃闲　遇上原则约束大　原委云头买雨伞　源自院校忙运输　允许援助祝美满　元首元勋奏乐章　原诉淤血还淤伤　运行运转又运作　源自原始诉愿望　预期语委是作为　圆柱原物是原装　预知原子能运载　预先月薪是欲望

B

一本小说比一部电视剧好看。

菠菜比饽饽好吃得多。

不论是檗木还是柏木，八成都长在陡坡上。

有人提出补偿他。

泊头市和梓罗台都在河北省，这两个地方不产布帛，亳州产布帛也产玻璃。

包场是给补偿的，补偿物有铂、薄荷、鹁鸪和白菜。

一个扒手霸占了靶场。此事已备案。八个保安找他办案。

构杞在陕西省，岜蒙在广西壮族自治区。前者有灞河水坝，后者产笆斗。

李丽的爸爸胳膊上有疤痕，他爱吃糍粑，爱耙地，去年到了辽宁省的蚆蛸居住。

八十辆巴士开向贵州省的岜饶，有八十人在巴士上。

带匕首的歹徒。

云南省的漾濞产一种竹箅子，煲汤时，厨师就用细细的竹箅子把沫子滗出去。

藄藋、薜荔和荜拨都是藤本植物，产于浙江省的五垜和山东省的茈村。

芘和吡都是有机化合物。

铋是金属元素，荸荠是一种可吃的植物。

陕西省的吴堡县、东南亚的柬埔寨和浙江省的蓁篰都有核原料钚。

并未掌握好补课技能，哥哥为此而烦恼。

有时还很恐怖。

部长是部委的首长，账簿是财务人员的记账工具。

妈妈说我的伯父是她的大伯子。我记得伯父在自行车比赛中一直保持第一。

她对他掰开揉碎地做工作，但他就是不分黑白地独断专行，结果败诉了。

小弟把掰开的馒头放在白色的抹布上，他自言自语地说："我这是摆设食物吗？"

江西省的皈大有变化，且变化很大。这里的斑纹钢钣和铝合金钣都是优质的。

江西省的源湴产一种木梓子，这种木梓子一般都供应给了日本的大阪。

新四军在沙家浜打击了敌人，敌人很快就崩溃了。

湖北省的张塝有一位诗人。

李龙是大龅牙，他喜爱煲饭、种植枹树。多少年来，他的喜爱和脾气一直不变。

鄂熙龙是本科毕业生，他刚吃饱饭，不便做俯卧撑运动。

褓被中遍布宝贝，原来宝贝是苞米。

河北省的瀑河有一处瀑布，每遇到暴雨，鲍鱼就沿着瀑河逆流而上。

江苏省的栟茶有一位会使用锛子的木工，他与河北省傧城的任师傅是同行。

很多人为此奔走相告。

有本事和没本事各有利弊。

我和你分别后就不在报社当编辑了，而是与一位姓卞的女士共同编纂词典。

我想去陕西省碥头溪乡旅游，据说那里有好看的蝙蝠和鳊鱼。

美景不在了，就和我的童年不在了一样。

湖北省的滮草沟适合养马。有从云南省法脿来的保镖，他骑在黑白相间的肥膘大马上，也不用鞍鞯，两腿摽在马肚子上开始练习在飞奔的马上甩飞镖。

肖老师爱箫，表现得也很潇洒。他会使用飞镖，但裱褙技术不行。他们夫妻不和，最近刚与妻子分道扬镳。现在，自己过着独身生活。

绑匪说："我姓别，叫别彪，生于 1901 年 9 月。曾因报复打人而蹩伤了脚，现在正在治疗。我当绑匪，并非出于无奈，而是感到好玩儿。"当听到要判他有罪时，他如同泄气的皮球，一下就瘪谷了。

朱斌和史彬是一对很要好的同事。朱斌是连鬓胡子，成天一副彬彬有礼的样子；史彬的鬓角很大，是个小白脸，在江苏省 邠州村是有名的才子。有位叫孙膑的同事去世了，出殡的那天，他们一起参加了葬礼。

槟子的又一名字叫槟榔。相对而言，槟榔的又一名字叫槟子。

士兵禀告邴首长："请屏退他人共同登冰山。"

这部分那部分只是一小部分。

不但不报道还不能再抱怨，我表达了看法。不得对报告的内容进行篡改。不怕奔跑，就怕逃跑；不怕不去，就怕非去。比较一下便于在办事时把关。否则会被边缘化。不然别人怎么会知道呢？他被判了十年有期徒刑。不经比对，如何辨认版权？被告的帮派思想和悲观情绪很严重。

P

有评论说：琥珀、笸箩都是远古时期流传下来的，但现在用起来还很方便，也很漂亮。

繁先生颇怕评测费事，就跑到繁花似锦的鄱阳湖边找人帮忙。他走了三天无所获，一副失魂落魄的样子。

潘老师是番禺人，他和年过花甲的泮老师一起做好事。有的当事人 衣服扣子要掉，他们就帮忙襻上几针。有时，他们也站在大街上盘问步履蹒跚的人，问他们需不需要帮助。久而久之，人们给他们送了一个美名：俩好人。

庞女士爱打乒乓球，逄先生喜爱庭审时旁听。他们有一个共同的爱好，那就是吃螃蟹、耪地以及研究上世纪 60 年代的贫困和甲午战争的赔款等问题。

膀胱的又一称呼叫尿脬。

逄女士一边和她的丈夫散步，一边和旁边的泮局长说话。泮局长手里拿着一本《庖丁解牛》，指着不远处咆哮的狍子说："对的，对的。"

我陪同首长参观刚购买的配套的葡萄研究平台。陪同的还有研究胚胎的裴先生和研究金属元素镨的庞老师。

陈芫是云南省普洱人，她蓬松着头发，与从江西省溢城来的男友站在篷车上，手里拿着批准结婚的凭证，大声说道："我的男朋友叫彭鹏，是有烹饪技术的，他做的饭菜喷香。"

李邳睥睨权贵，他的脾脏健康，爱研究铍青铜，喜爱喝啤酒，时不时地就去湖北省 黄陂区旅游，看那里有没有熊罴。从来不怕疲劳的他有时也去郫县买鼙鼓，看小孩儿光着屁股在郫江游泳。

骈老师是福建省梗树岔人，他在一篇文章中描述了骗子的可耻。这个骗子后来找到了骈老师，并向他赔罪。

漂（pxv）白漂（pxl）亮水上漂（px）　朴（pxc）氏朴（puv）实产朴（p）刀瓢瓜判刑分两半　排序培训买通票　撇嘴瞥见一惊鸿　东施效颦模仿样　片面佩服献笑容。

仆玉珂住在莆田市，莆桂鸽住在河南省的濮阳市。仆玉珂是金属元素镁和错的研究者，他经常坐在带有铺垫的蒲团上读书；莆桂鸽有黄埔军校的纪念章，他经常把它戴在胸脯前招摇过市。

听到对自己不利的判决，她很平静。她评估并判断着这个判决对自己 品牌产品的影响。

是否 应该 聘请律师？是否 培育新的团队？总之，应该以批判的态度评估自己，抛弃 平日的主观臆断，大胆聘任 专业人员来管理 蒸蒸日上的企业。

一支庞大的购物团队在浦东大厦排队购物。你如何评价"骗供"和"骗取"的词义？

她迫于压力频频回婆家，目的是陪陪老人，而老人又偏偏不让她陪，她很疲惫。

M

每隔 5 秒亮灯一次可以吗？

在商场排队付费时，碰巧碰到了李明。他拿着一面旗，在离我五米远的地方被迎面驶来的汽车撞倒了。

每辆小轿车没有命令不许亮灯，不错，一亮灯就暴露了。

因母爱闹出的命案　你妈和我妈一同用抹布抹桌子　慢速比快速更安全　在雾霾中摸索着前进

大嫚一手拿着馒头，一手开门锁，头上还戴着有帽徽的帽子。二嫚则在一旁埋怨她做事慢。

一头牤牛看见一条蟒蛇，牤牛鲁莽地向蟒蛇走过去，蟒蛇急忙向长满杧果的邙山爬去。

耄耋之年　有明确的目标　我并不明白是蟊贼偷牦牛

茆大嫚出生于上海市泖港镇，今年 23 岁，她与出生于河北省鄚州的毛红波是大学同班同学。

梦寐以求　联袂出场　拾金不昧　阳光明媚　魑魅魍魉　我的表妹住在云南省的小水湄。她眉清目秀，很腼腆，每天都要与媒体 见面。面谈一些霉菌的用途。

每年的此时，美女们都很郁闷。明年 也不例外。

民众对民主和民政有不同认识。

美英 贸易额 翻了一番。

弥科长和宓书记都是河南省 泌阳县人，他们二人考察了发源于 江西省的汨罗江。

明眸皓齿　未雨绸缪　马上就没事了　面试时要面授机宜

仫佬族　如沐春风　庄严肃穆　睦邻友好　朝思暮想

每位保姆都带着她们做的毪子到牧民家里拜访。牧民们喜爱苜蓿，因为苜蓿能够饲养牛羊。

问：你叫什么名字？答：毑萍。问：什么民族？答：蒙古族。问：文化？答：大专。问：年龄？答：22 岁。问：从事何种职业？答：牧民。

缪处长对张淼说："很明显，如果没有你的默许这几个人是不会来的，你不能藐视规定。"

王淼是美方的商务代表，她也斜着眼。有一位因污蔑他人而惹上麻烦的人让李森森为他做免费的辩护，因为李森森是道德模范。

美梦的秘密　美满幸福生活　茂名是广东省的一个市　芒玉米和芒高粱都是成熟期较晚的植物

闵春雨是岷山人，能破解保险箱密码，慢慢就有了偷窃行为。

王春淼的母亲生于河北省的洺河岸边，她有一个很奇怪的名字，叫吴谬论。

手机在这里没用，没有信号，这里也没有民企，人们勉强着靠种植作物生活。

面对矛盾要解决矛盾，而不是激起矛盾。

从每月检查门牌一次到每日检查一次。

美元是美国的货币。

F

佛祖　佛门　有分寸　没风采　饭菜香　是副词　讽刺他　莫犯错　早发财　须服从　非常大　已付出　要扶持　发出的　范畴内　很反常　有分量　很费力　走辅

路　非礼我　正在发愁　买房产　学法律

定方案　报方案　要翻案　犯案了　妨碍了　少父爱　肺癌患者　新法案　法器理发

翻箱倒柜　扎幡　一帆风顺　白矾　麻烦　平凡　樊城区　繁琐　樊笼　频繁凡是　烦恼　明矾石　反对　返回　逆反　折返　范文　犯罪　饭菜　泛滥　贩卖梵语　梵蒂冈　商贩　广泛　米饭　战犯　模范　符合要求　三次访华　能够发挥作用　繁华的城市

棉纺厂　放开我　反馈给　分开后　被罚款　方芳是防空主任

蜚声海内外　敞开心扉　淝水　淝水之战　肥胖　诽谤　匪徒　菲薄　翡翠　悱恻　榧树　蜚蠊　左肺　狒狒　作废　免费　狂吠　痱子　肺脏　沸腾　鸡鸣狗吠沸水　法庭宣布　访谈开始　王飞是反贪部门的　　王霏是法庭的访谈记者

非分之想　奋笔疾书　愤怒的妇女们　发怒的房奴们　谷芬为他们烦恼

天衣无缝　李云峰跑了3分钟　高锋住在鄷都城　冯司长有一把锋利的匕首　繁重的劳动　只有发展才有未来　防止风沙

到底发生了什么　这是一种方式　凡是错误的都要改正　分手的时候　烦事不少啊　丰收的季节　范围不大　服务方式不同　分为上下两部分　访问了她们　具体防卫　肥沃的土地

发表了几篇论文　为了方便行人　分别受到处分　腐败是亡国之兆　发布了反腐败信息　反对不等于否定　用封闭的方法防腐不一定有效果　法院的法官　设立分院分局就在附近　不否认有分歧　负责带队的人发现走错了方向　复杂的心态

发送短信时　扶贫资金的分配问题　富饶的土地　法国的法定节日

奉告法盲犯人们不要贩毒，那可是死罪啊！

D

到处搞调查　到处堵车　没有对策　敦促独裁者实施改革　对立的双方达成了和解

三沓钞票　骶骨　查档案有了答案　这是全市的一个大案　对岸有几个孩子在蹦跶　登岸后　宽阔的道路　代理产品

林黛玉　埭头镇　严惩不贷　包装袋　死伤殆尽　拖泥带水

戴县长是江苏岱湾人，他带领一个考察团考察了岱岳和福建的埭头镇。他打算把岱宗的大蒜移植到浙江的钟埭，把岱山县的登山大赛照搬到傣族居住的云南进行。有些官员说他是嘚瑟，他听后不屑一顾地撇撇嘴，继续按部就班地实施他的工作计划。

电话通知开大会　种植养殖他都会　捣毁制假窝点　航海必须有用于导航的导航系统　夺回一个弹丸之地　老子的名字叫李聃，又叫老聃

跌宕起伏　多亏进行了抵抗　不用贷款了　几位大款打开电脑　准备夺魁

莨菪和浪荡音同义不同，前者是名词，后者是形容词。直捣敌巢　手舞足蹈　倒买倒卖　迟到　强盗　哀悼　正道　水稻　稻草　到底　盗匪　悼念　道路　倒车逮捕了几个强盗和正赌博的赌徒　打败了别人不代表自己胜利　对方提出了担保意见

她声音发嗲地对他说："看在多年夫妻的分上，一定要买最好的电脑。"

我很惦念你。党内的问题属于内部矛盾，有对内的处理方式。

这么粗的铁丝都能拽直了，尼龙绳肯定就得拽断了。

并蒂莲　瓜熟蒂落　得了第一　已经答应　都有一份　彼此对应　他动摇了　另收导游费　动用大笔公款　不用抵押就能贷款　电影与电视不同之处　每个人都有一颗爱心就好了

短暂的停留　被带走调查　带走和调走的词义差异很大　这个动作被当作流氓行为　电子产品

蒋站不仅是地名，也是人名。

国不分大小　做事要有底线　交流要多发短信　承诺一定兑现

湖北的汈汊是典型的出才子的地方，这里每年有上百人考入世界一流大学，这些大学生毕业后的底薪都很高。

喋喋不休　耄耋之年　肯定有对不住的地方　对方一再要求　请给予答复　提防对手　担负起养育孩子的重任　好对付　不好对付　刁先生买了一只雕，一直由他爹养着　大风刮得天昏地暗　颠覆了传统

孤苦伶仃　他的脚上长了一个疔　酩酊大醉　鼎力　大名鼎鼎　顶峰　顶天立地　订单　定金　锭子　吡啶　光腚　露腚　嘧啶　钢锭

丁玎小姐是云南畹町市人，她虽然是个女孩，但会钉马掌，她能让斗殴的人和平相处。最近，她与大二的几位东欧同学约定要去台湾茄萣乡旅游。

盗窃是丢人的事，也是犯罪的事。

丢三落四　地区的差异性　当前的工作重点　的确很必要　不开斗气车　他赌气走了　这里的物资特别短缺　夺取了政权　盗窃物资　要求你道歉

大概有二十多个人　我在广西麻垌打工　他躲过了一劫

我住在他家的对面，每天都能听到他们"咚咚"的敲门声。

崇坑成了旅游景点，这带给我们许多好处。

鼻窦炎　这里满山都是宝　你穿的衣服有多少个兜　都先生自己都不知道自己的出生地　多数人喜欢看电影而不喜欢看电视　他当时就傻眼了

对手可以变成朋友，朋友也可以变成对手。

买椟还珠　连篇累牍　老牛舔（wl）犊　穷兵黩武　鳏（gr）寡孤独　肚丝　笃信　堵车　目睹　小肚鸡肠　情爱甚笃　睹物思人　聚众赌博　杜绝　妒忌　渡船　镀金　硬度

人也是动物　绫罗绸缎　断章取义　自从

担任了组长点燃了消灭敌人的怒火　我刚到任打扰您了　动人的故事

打人不对，是犯法的行为。

段主席今天调往省人大，担任委员长了。

大舅给外甥倒酒　大家把赌具集中到一起然后开始登记　从大局出发

得到的是　还没有达到目的　你到底想咋样　你等着我回来　短短几个月过去了　25 吨重

董占铎先生会剜花　打破了党派之间的竞争　大批失业人员　毒品是有害的　贩卖毒品被判刑

他把自己手指剁掉一截，这是多么愚蠢的行为啊！

对面有一座山　有事要当面说清　还没有完全点明　东盟十加一会议　他自认倒霉了吗　把地面进攻做成动漫　但愿所有队员都不掉队　党员就是要起带头作用　歹徒　地铁属于环保的低碳产业　大约有 30 多吨　独特的地理位置是任何地域所代替不了的　复古就等于历史的倒退　他说话、做事都很得体　动态与速度关联

T

他特贪婪　她特有志气　她推测他是天才　大家一同讨论他贪财的手段　除了台词他还真讲不出什么内容来　谁提出了建铁路　战略韬略　请大家认真讨论讨论然后再投产　实施退出机制

铽是一种金属元素，要统筹开发。我们提倡坦诚，更要突出坦诚。

纷至沓来　糟蹋

他提出的提案缺乏韬略，通常是要推迟讨论的。

她们是本案嫌疑人，今天一起来投案。

这种轮胎很有特色　探索宇宙秘密的工作正在加快进行　投诉是一种维权方式　退缩是颓丧的表现

澹台小姐来到了水波澹澹的郯城县，她这次来是替换谭县长的，因为谭县长被免职了。

你很痛苦　相关条款的落实　停课 3 天学开坦克

汤某从山东郯鄗出发，他拿着铜锣，一边嘡嘡地敲着，一边大声喊道："痛快呀！贪官今天被抓了！"他边走边说，一直朝着济南方向走去。

展焘从洮南市回到木兰秋狝市，他看到一个淘气的孩子在树上掏鸟窝，在树下的孩子一边吃葡萄，一边从兜里掏桃花。坦白地讲，展焘的特别之处在于不逃避和回避问题。

佟大夫可以通过人的嗵嗵心跳声确诊人的疾病。这一现象说明：人有天分不是假的。

我与安徽铜城镇的人们交流，他们说他们那里没有贪官。

我问你同意还是不同意　体验体验生活同样重要　同意统一

我的同事是一位很漂亮的女子，她特别坦率，做事从不偷偷摸摸的，她总是妥善安排和处理在别人看来是最棘手的问题。她最近得到了提升，同时，还得到了特殊奖励。

台湾的涂先生和广东棳圩的屠女士都是研究金属元素钍的专家，他们在答记者的提问时，谈到了专业问题。

山东滕州的滕老师对我们说："我们的同志会熥馒头，会包饺子，还能誊写文稿、钓鳎鱼。"

恬不知耻　宾客阗门　舔干净　腼腆　暴殄天物

　　田某从去江苏泗泾学习回来就整天腆着个大肚子陶醉在迎送宾客的日子里。有一天，他投资养的几只麋鹿逃走了，他以为是邻居家偷走了就去找邻居要求退还。结果可想而知。

　　我们两个一直是同学。大学毕业后，为了迎接挑战又一同去了非洲推广中文拉丁化。我们两个都很漂亮迷人，被人们称为窈窕淑女。

　　饕餮大餐　铤而走险　潜水艇　白家疃

　　律师去见案犯，想找理由推翻案犯的有罪供述。案犯精神颓废地对律师说："你别以为你有辩护的天赋，我已服服帖帖地认罪了，你还辩护什么?"律师无奈，到宾馆退房后回律师事务所了。

　　这些条件还不够　要有计划地推进　相关文件已提交法务部　据不完全统计　你这是投机行为

　　他要求法庭调解，你听见了吗?

　　因为付出的太多，当听到有人要替代他时，他特别激动。

　　你所提到的团队和团队精神我们都听到了。

　　天津的地理条件忒好了，东临渤海，西近北京，有着无可替代的经济发展潜质。

　　有人把华佗和赵佗二人所处的历史朝代弄混了。

　　庹师傅吃了一碗坨面条，他伸直左右两个胳膊开始丈量木柁，然后站起来对刚投票回来站在身边的侄子说："你给你四川石盘沱的叔叔打个电话，让他再买一架5庹长的松木柁，这架木柁只有4庹，不够长度"。

　　增加谈判的砝码　在如何脱贫的问题上有了新突破　太平的日子　这层纸被你捅破了　又拖又拽地赶紧逃跑了　唾手可得　他们做事不透明

　　她们中有个头目是逃难来到这里的，体能有些差。

　　同谋是贬义词，同盟是中性词。

　　听听童年的故事　他天天在这里卖体育彩票　统统上缴国库　恐怖分子的头头最近的天气怎么样

　　他和她感觉很投缘，就于今年的3月份结婚了。

　　天哪! 原来鸵鸟这么大?

　　他们提取了指纹，听取了汇报，又对案情进行了探讨和推敲，就向检察院提起公诉了。

　　不能因为太忙就不去看望老人　我很同情她　头脑要清醒　特约需提前　体育能强国　工资不拖欠　在淘汰赛中被淘汰出局　贪图享乐的人就是被竞争所淘汰的人偷窃和偷运不是一个概念

N

　　哪吒　木讷　讷河市

　　农村、农民、农业统称为"三农问题"。我家就是农村的，我就是农民的儿子。

　　今年年初，我拿出用玉米酿成的白酒和太太一起去看望农场的场长。场长很有能力和社会能量，他的年龄和我差不多。他给我倒了杯已经沏好的浓茶，又拿来牛奶给我补充能量。

你们那里的情况如何？女厕在哪里？

太平洋的暖流

哪次打架没有你？年产奶粉 20 万吨。

那大爷过分溺爱他的外甥女李娜。那次我与李娜打架是在哪儿啊？你帮我想一想好吗？我想起来了，是在珠江南岸的大姑嫂，那次不是还有你吗？

他在凝思：南宋亡国是因为国君贪恋女色吗？

牛奶浓缩后是奶粉吗？

男孩对老人说："您好！"女孩对男孩说："你好！"

她面有怒色地对他说："我宁死都不肯向你妥协。"

他对农行的业务产生了浓厚的兴趣　脑海中浮现出基本轮廓

这样不仅难看，还很难堪。

从飞机上鸟瞰广东的硇洲，就像我们站在沙盘边看城区规划一样。

几个维吾尔族的女兵训练回来，她们饿得大口大口地吃馕米饭。

从山东的狍猫到云南的包谷垴，再从云南的包谷垴到山西的南垴，基本构成了三角形。

内部人看内科很难

一位蔫儿坏的男子拿走了一位女子酿造的美酒，男子的女友知道后很生气，就把这位男子撵走了。

从广东白坭徒步走到广西坭洞，难免会遇到这样或那样的困难。

不能许下难以兑现的诺言　这纯粹是捏造　两个孩子尚且年幼　不能挪用公共资金和公款

剑拔弩张　怒气　恼怒　希望你能够取得新的胜利　难忘的初恋情人　你是哪位挪威　他凝望着那个鸟窝　恁不听劝

我国的能源安全　农业离不开农田　纽约有浓郁的国际大都市气息　宁愿挨饿也不去乞讨

他遇到了难题。

奶奶一边喝着牛奶一边恼怒地对身旁的一对青年男女说："你们长能耐了是不？我对治疗鼻衄都难于拿捏，你们那套哪能用得上？哪天我内退了，才能轮到你们。"

暖流云团造成了台风　鲇鱼喜爱池塘里的泥土　3 年内解决这一难题

那些心灵有创伤的人　哪些人比较保守　女性的内心世界　他的年薪 80 万

泥鳅在暖瓶里　被虐待

男性和女性的关系比较融洽，男性的耐力差，女性的耐力强。

男方在中国的南方，女方则在南非，最近，这一对男女闹翻了。

哪怕你再年轻，如果总是虚度光阴，青春都会像飞鸟一样一去不复返了。

"女人懦弱，男人阳刚"？那就看看中国女排和中国男排的成果吧！

我的女儿早在三年前就去了南欧，在南欧某国工作。

请你拿起笔，不要做懦夫，继续把那篇文章写下去。

男人在智力上比女人能否更胜一筹？

娘家　娘们儿　娘亲　娘子　老娘　丈母娘　酿酒　酿成大祸　酿造　酝酿　您好　您说　您的　能够　能力　能源　能不能　能用　能耐　能工巧匠　能耐非凡　佳酿　酝酿已久　能言善辩　能文能武　老娘们　娘娘腔

接到匿名电话后　我那时还小

难说南极难受事　年终难找纳税人　脑袋脑筋勤转动　凝结凝聚富农民

家住内蒙古，年仅 20 周岁的倪冬梅于 2015 年年底制订了 2016 年年度工作计划。

那里有几个男生拿着笤帚闹事，你们几个女生去劝劝他们，让他们宁静下来，摒弃大男子主义。

要凝聚集体力量，抛开个人私心以及那种个人英雄主义。

内战已经在所难免，难民问题已迫在眉睫。

一位女士正在挑选一件女式上衣　有难度难道就知难而退　不可逆转只能扭转

任何事情都不是那么一帆风顺的。我在纳闷为什么逆境能造就人才？

L

棉靴鞋　已立案　黄河两岸　正在恋爱中　轮船靠岸后很快就离岸了　另案处理　宁缺毋滥　陈词滥调

邛崃市有着良好的环境，天是蓝色的，大地是绿色的，没有北方那种灰蒙蒙的雾霾。因此，这里很受游客的青睐。

类似的问题和现象　他因勒索罪被捕　这事做得很利索　还有搞联合离婚的呢　脸色很难看

从广东南萌到广西的萌南途中要经过两个省的领空，从广东的大嵛到湖南的嵛山也是如此。

辽阔的大地上有一个拥挤的城市，城市中有一位女郎站在路口的中央。她对过往的旅客和行人说："我是台湾茗浓溪的来宾，名字叫郎世宁，在一家广告公司做领班，我在阆中等你们"。

请来宾立刻离开这里　冷酷的老板狼狈地站在路边　他的轮班计划落空了　大致有个轮廓了

愣头愣脑　聊天记录显示　旅游论坛会议结束了　比较笼统　在这里隆重集会　冷战又开始了　理智是理性认识的结果　两种假设的两种结局　离职人员大都是联通公司的

被雾霾笼罩的城市不只在京津地区，严重的还有石家庄和郑州。

陕西有个叫垅底下的镇子，镇里有一位叫雷森的先生，他给家住江西长垅的表姐赢女士发去一封悼念表姐夫的诔文。

劣迹斑斑　风声鹤唳　孤雁悲唳　老骥伏枥　呕心沥血　励精图治　贪官污吏　有理由利用一切手段保护自己的利益　有理由没来由

我们的理念是立足开发和创新

她老子临走时还一再叮嘱我　让我们期待着来年的再会

连老板开了一家卵子公司不久就出乱子了。

请立即了解并处理好这个问题　我们列举了大量楼房的浪费情况　需要保持冷静　她是真善美的化身　对来访的人必须做好登记和回访　历经九九八十一难　累计人数　礼服的色彩

炻蹶（jrv）子　撂挑子　他与我是一块离休的老乡　连续几天没联系上了　这种类型的汽车并不多

廖先生是广东贤懬人，他的理想是当一名驯马师。有一次，他刚骑上一匹浑身黑色的马，这匹马就扬起头咴咴地叫，并开始炻蹶子。廖先生很快就从马背上跌落下来，摔得他老半天站不起来。待他忍着疼痛站起来时，那匹黑马已蹽得无影无踪了。此后，他就撂挑子不干驯马师的行当，改做饲养鹡鸰的生意。

路面有很多积雪

据说广东白篰到处林木葱茏。那里的劳模特别多。家家户户的楼门都贴有住户老妈的画像。

高屋建瓴　绫罗绸缎　山岭　衣领　崇山峻岭　心领神会　林立的楼群　我平常给他一些零钱　对林区留情做到不砍伐

廖司长在六安考察时与一位比他大六岁的令狐女子结了婚，而他的部下刘处长则在六合县嫁给了一位叫冷峻岭的医生。有一次，他们共同约请了湖南舣舫和江苏浒浶的同学一同到湖南鄜县聚会。这些同学都是同一天被录取到同一所大学的，他们想在一起多待几天，一直不愿离去。

要落实两国之间已达成的互助协议，使两国关系更加牢固。

我来过两次都是路过　历时三年之久

广东唪村出了个神医，据说任何佝偻病他都能治好，不知真假？

娄老师是湖北永漋人，他有罗锅儿，做人老实、厚道。他认为：民族分裂只是历史过程的一个临时插曲。

勠力同心　他们的来往比较密切　木兰秋狝即将被列为世界非物质文化遗产名录

出生于安徽澛港的逯忠心是鲁研究院的研究员。他带的两位研究生，一位是江苏甪直人，一位是浙江甪堰人。这三位经常带着一位绰号叫"油葫芦"的人进入芦苇荡寻找猎物。"油葫芦"是广东渌水人，他习惯撸起裤腿在芦苇中钓鲈鱼，爱吃卤煮食品，另外有过贿赂犯罪的记录。

吕洞宾　捋胡子　铝合金　膂力过人　衣衫褴褛　步履维艰

立于无私高地才能利于人民　不能成为犯罪分子的乐园　他说不清财产的来源　履约是一个人的诚信表现　淋浴的热水来源

《论语》是一本记录儒家领袖言行的书，有精华亦有糟粕。

领域和流域都是指范围，但领域是一个体系；流域是指江河所流经的区域。

吕女士的丈夫闾先生到河南段垚出差，约定今天回来。吕女士正倚闾而望，等待她的丈夫归来。此时的闾先生正在捋着胡子骑在毛驴上，他老远看见妻子正在朝他回来的方向眺望。

滦平县　金銮殿　栾城县　栾川县　鸾翔凤集　两人的世界　有着可观的利润

书记员培训教材列入了"十三五"规划

一般的文字录入人员与职业速录师有着天壤之别　不能乱扔垃圾　乱扔垃圾是令人气愤的事　某某厂长选举连任。

一对恋人带着各自的老人开车去旅游，他们看到路牌上写着"寇圜圙"的汉字，"圜圙"念什么？什么意思？他们停下车，用汉字部件学习法中的识字解字软件一查就知道读音和字义了。把"圜"字的部件门、罒、方、一输入读音的缩略首字母 K（"门"读框）、s（"罒"读四）、f（"一"读横）后，"圜"字就出现在对话框中，点击该字，对话框即显示出该字的注音和女声提示以及合成词"圜圙"的读音和词义解释。

伦理道德　囫囵吞枣　赖皮送的礼品你也敢要　楼盘高得离谱儿　领跑世界信息核心技术　两派站在两旁　打得非常激烈　伦敦垄断了英镑的发行　懒惰的人不爱劳动　为劳动者开绿灯　来到选举会场拉票　早已料到

骆经理是洛阳人，雒厂长是漯河人，这二位领导准备去贵州的倮㑩和四川的倮倮考察养殖技术。他们骑在骆驼上，落日的余晖把他们的身影拉得很长很长。

G

青草塥　隔三差五　各种　硌脚　硌牙　铬钢　这是一份纲领性文件　已观察了很久　整个过程被拍了下来　据观察家的观察只有 36 公里　已够 30 年工龄故此退居二线　各级各类的管理都有规律可循　刚才收到通知　这是一项浩大的工程　葛先生在漍湖湖畔养了一群鸽子

为了鼓励圪上乡的农民去安徽省的青草塥学习钢材冶炼技术，厂长自个儿掏钱培训他们。

准噶尔盆地　噶尔县　尴尬　咖喱面馆紧挨着咖啡店

要关爱那些患者

孤傲的劲松生长在悬崖峭壁上，高傲的海燕在海浪中翱翔。

甘光辉是江苏戡效人，他写文章言简意赅，颇有古文风范。最近，他与四川花荄的同事公孙先生要去浙江澉浦购买几吨叫黄钴的鳡鱼。鳡鱼和芥菜疙瘩是他们公司的主营产品。

检察机关是公诉单位，法院则是审判机构。

请你告诉我我该如何寻找归宿　为了让同事们更好地搞好关系　甘肃是进出新疆的咽喉要道

高速发展的高速公路　国会通过了国徽使用法　骨髓也可移植　他跟随我多年

港口的概况　根本的改变　刚公布了干部的改编办法　卢戆章是中国速记创始人之一　这已是公开的秘密　请公孙灵女士概括一下干部公款吃喝的情况　找一家挂靠单位　举行了告别仪式　宪法是我国的根本大法　高考一结束我就去湖南箇口　高皋和牛皋都是南宋时期人

纪罡是贵州省青㧪坡人，季钢是山东省堽城镇人，两人约好去湖南箇口和浙江的大矸旅游。

杲先生是福建省箸杯人，他娶了一位与他一样从事钢铁交易工作的部女士为妻。

亘古未有　有着共同的功能　个体企业在港台遍地都是　共同的观念归纳起来就是真理　沟通　有共同的价值观最好沟通　我乘坐的是 G121 次高铁　港台的钢铁产业并不多　父亲挂念闺女与母亲挂念儿子是一样的　他站在柜台里感叹着商品的齐全

开始供暖了，滚烫的热水带着温暖通过管道流向千家万户。

蓬头垢面　提出各种问题　关注公共交通　观众报以热烈的掌声　有故障就得排除　改革国债发行办法　必须改正错误　刚刚解除的警报又拉响了　改善两国关系　不干涉他国内政是我国的外交政策

缑女士出生于溿水河畔，大学毕业后留在贵州工作。她刚来到广州就受到各国元首的接见。缑女士的同事宫先生和龚小姐也对缑女士表现出极大的关注。

聘国外的人当顾问我们是否过问一下？

取消了古文的之乎者也，让我们深受鼓舞。

贾先生是陕西省府瑕的商贾，他是靠经营谷类发财的。他与李固先生雇用了一位身患痼疾的男子去安徽省永堌镇贩运菰米，在途经山东抱犊崮的时候，听到一群蛤蟆在呱呱地叫。

做棺材的工人　他是鳏夫　公然挑起战争　您还猜对了，果然就是她　我国的大工业基本属于国有和国营　有过硬的本领真管用　官员雇用 4 名工人

根据国家的有关规定　更多更大的问题还在后面　我感觉他做事有些不规矩　有高度、观点新

妫法官住在妫水河边，据说妫水河就是因为她们的姓氏而起的。妫法官经常到各地调查案子，回到家里耕地种菜，栽了一百多棵桧树。她还研究汉字，她说：“‘木棍’和‘打滚’两词的后边各加一个卷舌音‘儿’字，读音和词义就将发生微妙的变化。”

东郭先生的家乡在山西崞山，他少年时，曾与小伙伴过龙一同前往涡河拜师学艺。那时的涡河水流湍急，漩涡特多，人们都不敢进河游泳。

公平、公开、公正　法律的天平　最近股票大跌　实行挂牌服务　拐骗人口　从死刑改判为无期徒刑　根据词频统计得出了高频字和常用词的数据　身高 1.2 米就得购票　刻录光盘

过去是工作关系　感谢你赶走了这几个匪徒　这所公园是公元 2015 年年底建成的　孤儿都知道感恩　过于干预会影响根源性创新　从感性到理性　走出精减—膨胀—膨胀—精减的怪圈　我高兴的是得到了她的关心与呵护　靠惯性肯定够呛　他刚走你就来了　构造的不断改造是技术创新的一部分　共享乐趣　高额的工资待遇　这个贵族被灌醉了

K

溘然长逝　你可曾打过瞌睡　勘探确认有矿产后才能开采　库存了许多的快餐原材料　看来必须要考虑考虑了　快来看！他编的课文：第一课　快乐　第二课　抵抗力　多可怜啊

柯坪县的吕玉柯先生有口才，他喜爱吃快餐，养了几只红点颏鸟。一天，他与几

位客人一边唠嗑，一边嗑瓜子。这时，一位以前被吕玉柯开除的员工骑着一匹骒马来找他，说是要与他合作开一家客栈。吕玉柯拿出一盆青稞喂马，干咳了两声说："我不考虑开客栈，我要养鸟"。

巴颜喀拉山 咖啡店 卡片 咳痰 刷卡 是酷爱不是可爱 到了口岸不一定靠岸 宽松的外衣

同仇敌忾 亏损的企业 快速记录 有机化合物 听说有几位医学专家在甘肃的垲坪研究出了抗癌药物 企业普遍亏损的现象像瘟疫一样快速扩散 他对这匹狂骜不驯的野马迅速做出反应 这是一只快速反应部队 看似简单实则复杂 宽松货币政策抗诉和控诉的词义属性

每次去台湾，我都到崁顶和赤崁转一圈。阚先生带着康德的哲学著作从浙江槐花磡出发，第二天就到了江西的墈上，第三天到了广东的朱磡，第四天又到了香港的红磡，差不多绕一圈。

开会也得考核 恐吓客户真可恨 他为人宽厚 狂欢了一夜第二天就旷课了 历史过客和历史看客概念不一样 这个人很可靠 历经坎坷 变得苛刻 康慷先生特别慷慨

啃骨头 坑坑洼洼 铿锵有力 铿的一声 拷打的场景很恐怖 没有靠背的椅子是什么样子 他开办了学习拷贝技术和制作卡通的学校 今天审理的是制造空难的嫌疑人，现场报道已经开始。

广东涔溪人吴长友最近很是苦恼，他可能是遇到了困难。他说："困难不是苦难，困难能克服，苦难则需要战胜。"

他在一次矿难中因公殉职，他的家属找矿办哭闹了好几天。

豆蔻年华 开始了一年一度的跨国考试

寇女士眍瞜着眼，她坐上了去广东省庙埪、硿南的旅游车，开始了旅游行程。跨国公司一般都是控股公司 在这几个科室中专门设了一个看守科 客观上应该是这样可是事实上并不是这样 这是一位老矿工 他有可观的收入 开始时是空的后来就满满的了 他抠了一块松树皮放在兜里

汉字刚认识四千多个，怎么能参加所谓的国学考试？

客服人员正在打扫客房 他魁梧的身材和魁伟的形象成正比 我的看法是昆明不设空防 开放的大学可否随便发放证书 做小人是可恶的 我宣布科贸大会正式开幕 我看望你来了快开门

这个家伙真抠门儿 矿脉是地质学的一门科目 控方指出 他是反面教材 刳木为舟不是投机而是智慧

蒯女士平日里孜孜矻矻，她最痛恨的是那些不学无术的纨绔子弟。

振聋发聩 功亏一篑 喟然长叹 当之无愧 客人可以学科技 困扰就是一种考验 看见别人 宽容 在威权国家抗议是没用的，因抗议活动而被扣押或逮捕的人层出不穷 八月的沙特酷热难耐 不能坑人

邝老板爱吃扣肉，他是刘家夼矿业公司的老板。他对盲目扩建矿山感到恐惧，他认为要先做好科研，在科研成果的框架内逐步扩建。他对那些狂热扩建矿山的人嗤之

以鼻。他聘请了夔州的夔小姐担任开发科长，从科研入手组织企业工人调研，打造跨境经营的科技企业。

刘堃用砍刀把人砍伤了，随后就去公安机关投案自首以求宽大处理，这么做恐怕也得蹲监狱，因为这太可怕了，肯定属于故意伤害罪。

开盘、操盘和控盘都属于股市用语？

王锟骑自行车从贵州的罗悃出发到目的地——福建的蓬壶，2300 公里的路程走了整整 10 天，他是骑自行车来往两地的第一人。

恳求您开恩　况且你还没有考勤　进行了空袭　这是空前的　为了扩展业务　裤子忒长了

扩展不扩张　看清狂躁症　开学考证忙　客运无客源　宽限有苦衷　跨越水中央
快去不快走　馈赠樽佳酿　抗震赠款项　苦于练口语　看作考赛场　精神若空虚
科学能相帮　可信并可行　恳请游湘江　困厄觅款额

H

张郃是三国时期魏国的将军。

贺森与清末翁同龢是同乡，他喜欢做诗、写文章。

一条黑色的哈巴狗在昏暗的海岸边与一只蛤蟆对峙着，蛤蟆呱呱地叫几声，哈巴狗就汪汪地叫几声，此叫彼伏周而复始。不远处的哈老师被此情此景逗得哈哈大笑。哈老师心想：哈巴狗看蛤蟆的长相是异类，同样，蛤蟆看哈巴狗的模样也是异类。她若有所思地想：在伸手不见五指的黑暗中，黄色、红色、白色、绿色不都变成了黑色了吗？她感觉这些想法都富有哲理。

成吉思汗缔造了蒙古帝国，也缔造了中华民族历史上疆域最大的帝国——元朝。

从广东的淦洸到广西的崴村再到安徽的中埠构成了三角形，韩校长对这个三角距离进行了实地考察和测量。

好吧，我们两家公司今天合并。

小时候，我伙同另一位小朋友去邻居家薅胡萝卜。我怀念我少年时期的生活。

还能有补救海难的办法吗？看来很难了。

所以和或者在语法中都是连词。

这种火锅是合格的产品。

韩国有厚重的明朝文化。

核准通知书　你慌张什么

日本的化工工业非常发达。

历史造成的鸿沟需要我们来填平。

宏观与微观如同战略与战术一样。

洪大哥是安徽鲁馈人，他邂逅山东黉山的韩红小姐后的第三天就与韩红小姐结婚了。

合适还是不合适？要忽视好事重视坏事，很少有人去核实。

侯经理住在堠北庄，与来自神垕（hwì）、鲐（hwì）门的两位副经理住在同一个套房里。他平时爱喝酒，喝酒时必吃的食物是臭豆腐和大蒜，这三种东西一中和，再加上睡觉时打鼾喽，嗨！甭提了！大家想想这后果吧！不说了，我想喝水。

两国元首举行会晤　呼延女士爱吃烀地瓜　中文拉丁化是一项宏伟工程　捍卫国家主权和利益

8只白额鹭从福建的岵山镇飞了近10个小时来到了滹沱河边的淼淼水村。淼淼水村住着从江西浒湾来的呼延将军和从江苏浒浦来的扈将军。

这是我们的后方　到敌人后方去　已经恢复了他们的合法政府　白发人送黑发人

两国元首互访　车辆在寒风中缓慢前行　合肥市的华市长登华山时昏迷了　大家慌忙把他抬下山　这艘航母遭到毁灭性打击　你提的问题很荒谬　她长得很美

我现在很忙，一会儿打电话给你好吗

忽然断电了　这次会议还有谁没来　怀疑他就应将他解聘

郇小姐在灅河河边长大，大学是在湟水发源地——西宁市上的。他与丈夫黄欢的婚姻很美满，夫妻俩喜欢对诗。

诲人不倦　风雨如晦　口惠而实不至　污言秽语　讳莫如深　奇花异卉　难以撼动　插科打诨　待我们几个合计合计再说　王辉为湖泊作环评　赵晖的回答很犯浑　他回家后坐在虎皮椅子上　尺蠖蛾　大惑不解　磨刀霍霍

肚子劐了个口子，他很害怕，就拨打了119求救电话。

按照当地婚俗，今天应该有很多人结婚，参加婚礼的人也不少。

航拍时，偌大一个湖泊就像一个大水坑。

在通州，我看到一个地名名称——潞县。我很奇怪！北京什么时候新建的潞县呢？一打听才知道，原来是潞县镇，是通州辖区的一个镇。

呼吁世界各国合作反恐　海藻是人类食物的一部分　搞好汇总和归纳

汉族汉语汉字　黑子黑夜黑人　和谐和蔼和平　后期后面后勤　货物货源货币好强好奇好运　忽而忽视忽然　还原还能还愿　好吗好像好吧　或许或者欢迎　很大很凶很坏　很好很远很快　互殴互帮互助　海尔海鸥海外　合计合作合适　合肥合格海外　花萼花草花园　回家回去回答　黄叶黄昏黄色　华侨华北华人　航海航空航母韩语韩国韩文　后面后方后果　环保环境环评　寒暄寒冷寒风　获得获取获胜　何曾何处何况　悔罪悔啊悔恨　获取更多资讯　换取合法公认

J

按照组织原则基层没有决策权　精彩且紧凑　警察几次逮捕他都没逮住　将来再建立交流平台

火车上，对座的几个人商量着每个人说一个j音的汉字，并用一句话解释这个字的字义。第一位由来自江苏燕子矶的吉先生说，冀是河北省的简称；第二位由来自安徽采石矶的姬女士说，蕺是蕺菜，也叫鱼腥草；第三位由来自浙江大漈的纪小姐说，暨是连词，就是和、并的意思。

几年都没完成的任务今年就能完成　搞纪念活动

贾先生一边抽雪茄一边吃茄子。他是打假专家，经常利用假日骑着自行车到湖南榐山银行周边转悠看有没有卖假币的，到东洳河和西洳河看有没有卖假渔网的，晚上则去郏县学跏趺。

日本的官房长官　恢复建造行宫的可能

蒭先生很勤俭，专拣繁重的工作干，现在他是救灾总指挥。

塞阿姨说国子监旁边有个小监狱，是用那些望子成龙的父母的捐赠款项建造的。据塞阿姨说：过去在国子监没有考取功名的学子，父母们就花钱把他们放到监狱里待几天，让他们在那里体验一下失去自由的生活。

姜姐自己造了一架小飞机，她驾驶着飞机从河北泽河流镇起飞，到江苏强港降落。飞机上还装载着 20 条船桨、50 公升血浆。

组委会要求裁判各报姓名、性别、籍贯、裁判项目，只听到：江艳姣、女、广东北滘人、台球裁判；敖大力、男、浙江岐头人、散打裁判；焦广、男、广东新滘人、摔跤裁判；徼红梅、女、游泳裁判、河北西峧人。

究竟解决哪些问题　决心解决经济问题　姐姐决心继续抗争　将研发进行到底就像我教训他一样　即将举行婚礼

引以为戒　裤子　警方介入了甲方的合同纠纷　姐夫拒付诉讼经费

《降幅》一章分三节，皆由雷教授主讲。

解珍和解宝哥儿俩都是好汉，他们应约去陕西白邽帮助朋友解决问题。

巨额财产来源不明罪　打开新局面　一个人很寂寞　路过家门都没回　饥饿和困厄　荆老板和金经理今天下午见面　吕晶会唱歌　杜晟会拉二胡　津是天津市的简称咎由自取

加快民主法制建设　尽快将捐款发放下去　加强政党纪律　发扬艰苦精神　减轻农民负担　速录的精进关键在于实训　鸠山有着健康的身体　她揪着他的衣领让他捐钱

广东省诗洞镇的陈炯明先生打电话问家住江苏省东汊镇的舅舅："舅舅，你们那里的韭菜多少钱一斤？我这儿来了几位好友，他们有的会针灸疗法，有的掌握了捉秃鹫的技巧。他们既有坚强的决心，又有斗志，他们人人身体健康，请您尽快给我寄三斤韭菜，我要做一桌酒菜款待他们。"他的舅舅回答说："我此时在广西壮族自治区大垌讲课呢，我马上给你办。"

虎踞龙盘　声泪俱下　这可是机遇　请给予支持　教育之家　节约每一块钱　实施贸易禁运

三河市沟阳镇的居小红与陕西梁家岨的遮彪是一对恋人，最近因去东岠岛旅游的问题发生了龃龉。据居小红说最后还是她占了上风。

他教会了我快速掌握汉字的方法　我参加了基督教教会

卖官鬻爵　结合计划找机会　他任教会会长 4 年了　这边救人那边杀人　是战场这次考试居然进了前三名　没有金融诈骗多好　将会被淘汰　聚会时讲话

鄄城县的寇凤娟女士平日里不爱讲话，是一位脾气倔强的人。她在砍柴时把柴刀弄锩刃了，她就噘着嘴，一边生气，一边指着手中的木棍对旁边撅着屁股侍弄花草的丈夫说："这根木棍竟然把柴刀弄锩刃啦，你把它撅断了"。她的丈夫站起身来说："你别生气。"

朱艳筠说："我觉得此军队已经进入改良阶段，这不是简单的主观臆断，而是根据现状分析的。"

已基本结束　他基本具备了作案动机　我不要过程只要结果　决赛后再结算好吗今天我加班　刚组建的家庭就解体了　有了精准的决算就减少了失误　竞争的机制并未减少　我紧挨着敬爱的老师

精神精品真精准　几种几个又几天　教育教案缺教训　决定决赛不决算　结束结构难结果　经营经济少经验　竞争竞标搞竞赛　解释解决定解散　奖励奖牌看奖品警示警察问警探　举办举报无举例　加强加快又加剧　结构结束下结论　建国建设提建议

Q

泣不成声　迄今为止　修葺　小憩　沙碛　王琪是卖汽车器材的老板　启涛先生进行了全程跟踪服务

他起草了一篇有关青草的论文供交流和切磋，其次是作出权力和权利的词性解释。

她是个有道德情操的人　青春一去不复返　你清楚如何来清除和清理这些垃圾强烈要求挖掘潜力　早晨起来就启程　情理和法理的法律解释　我清楚你的权力有多大　去年全年的营业收入　你赶紧取走　你负全责请签字　严厉谴责肇事者　潜在的危险

钱科长穿着带有裲裆的上衣，拿着一把从江西铅山买的铅笔哭泣。原来他从台湾港墘花重金买了一只公鸡带回广东田墘的家乡，这只公鸡为了争夺与邻居家母鸡的交配权就与邻居家的公鸡鸪架。双方鸪得满头是血，而且就像人们上班一样，它们也在八点准时鸪架。钱科长为此着急起来，他双手抱拳对两只鏖战的公鸡说："求你们了！别鸪了！"结果，他的公鸡被邻居家的公鸡鸪架鸪死了，他为此而悲伤。

故事要有情节　事业应有前景　抢险须顾全局　抢先注意情形　抢劫倾向　取消全县动员

乔先生是羌族，住在四川硚头。最近，他与湖北硚口镇的谯女士喜结连理。

寝食难安　沁园春　沁人心脾　呛食　揿门铃　揿按钮　缺乏切西瓜的知识　不可有情妇或情夫　以侵犯人权的方式让人屈服　气氛相当紧张　起码要区分勤奋和懒惰的界线　过于亲密离疏远就不远了　全民都在清明这天去扫墓　巧妙周旋　全面建设小康社会　前面已提到了自编常用词汇训练

"秦姣是郤森的表姐，覃琼是秦姣的舅妈，按照亲属关系，郤森如何称呼覃琼呢？"来自江苏溱潼的祁延东老师问学生。

集腋成裘　意气方遒　2015年秋办的期刊　他有前科　他前额的疤痕就是在群殴时留下的　请在取款时全额支付现金　缺口很大这是他亲口对我说的　全球穷苦的人还很多　请求支援并报告确切的位置　不要求情

邱先生从山西勍香来到山东大金碃请客，他在福建萩芦养了一千多只企鹅。

生物的起源　带头的批捕其余的驱逐　前后都是浅海　强化民族精神　情愿签约

全员上课　手写速记计算机速录我全会　三中全会　庆贺璩市长荣升　侵害了当事人利益　真是巧遇啊

　　椤桊派出所的屈所长和曲指导员早晨上班后发现，夜间巡逻队带到派出所的酗酒闹事者都姓 qū，而且都是河北东坦坡的人。一问才知道，这三位同姓的人是同音不同字。长得黢黑的叫瞿秋雨，个子有些细高面容有些清癯的叫璩万全，颧骨很高满头鬈发的叫蘧永恒。（注意：qu 姓的序位）

　　这是迁安市发生的窃案，也是奇案，有关涉案人员已全部到案。

　　请问是强迫起诉企业吗　其中还有没有其他人　要切实做好群众工作　其实 26 度的气温不冷不热是一种恒温　区别是有前提的　我很奇怪这是不是圈套　他企图欺骗她的感情　坐在前排很气派　确保情报的准确性　庆祝生日很惬意　前者是劝说后者是谴责　亲属在劝慰　因欺诈被驱逐　切勿轻易求助权贵　全体亲友的情感　权威发布　使用铅笔画棋盘　秋天的气味　刚有起色　已经确诊

X

　　下次再说　巡查人员发现了车祸幸存下来的几个人　从选材上看小草是不行的下层社会的人行刺上层社会的人往往是受人支使的　宣传形成了心理压力　她心里想到站了应该下车了　这是史无前例　先例　叛徒的下场　系列小说　美丽的心灵

　　郗老板从湖北浠水县以每斤 123 元的价格买了 2 斤枲麻，不到一周，他就把这 2 斤枲麻以每斤 1230 元的价格卖给了云南嶍山的表哥郤先生。

　　许愿成为幸运的人　我对你的信任无法形容　许多许多的行动都是为了反吸毒

　　徐校长说他们学院的学员信誉普遍高，这是他们的心愿。胥院长从江西旴江调到湖南溆浦县工作已经二年了。

　　薛旭日是现任市长，是我的兄弟，每当想到他，我就有了现代青年人拼搏向上的信心。

　　显然，他们已经削弱了和平力量。

　　溴化钾　白云出岫　需求很大　有这方面的需求　这样下去对大家都不好　限期交出答卷　喜鹊叫喳喳　沆瀣一气

　　袁亚轩与许振麻喜欢巡回下围棋，也就是双方轮流在各自的家里玩儿一天。他们的夫人也对下围棋有了兴趣，先后也都学会了下围棋，心情好的时候也相互下儿盘。

　　现在选择下载的方法还来得及　新增销赃犯罪嫌疑人 3 人　虚拟世界　戏弄人新娘的信念　新年和春节不是一回事

　　冼教授从浙江岘口出发到山东岘沽，他一路上游山玩水吟诗作赋。

　　下午下班下边不下岗　学生学习学业长学问　宣布宣判宣告搞宣传　协办协调协同订协议　协商协助县委发新闻　血液血压血案不虚构　相应相比相关人相陪　形式和性质都变了　希望迅速得到协调　与宣判的效果相比　协助拉选票　这种行为在这种条件下很危险　相似的习俗相同的习惯　下班　协助相爱的人　想过洗碗吗　献给做事细致的人　24 小时　显著的成绩　现在宣布休庭　盗版者十分嚣张　行政单位和事业单位不一样

Z

恣意妄为　自从在此工作　每天都要走路3公里　总裁再次作出决定　每天早晨的早餐都要留一份备查　紫的、红的、绿的、粉的、黄的组成了五彩　我赞成资产重组　这是最惨的一次　资料已显示出总量

二号人物　这种阻拦　自此形成了阻力　我赞成做错了就改正的态度　最初的自理能力变成了谋生的手段

载重　阻碍中文国际化的因素是汉字　有了作案时间　他再三赞颂经济的增速　自诉　走私团伙　总算赠送给了最爱的朋友

尖沙咀　他们最近增加了资金使用量　不要自己糟践自己　早晚凉爽中午燥热　作为公司总经理要承担责任　做人自然有做人的标准　有些人当时走红实际上他们是历史罪人　希望这笔资金早日到位　增进交往是最佳方案

座右铭　做作业　装模作样　我的作品遭到左派力量的否定　我们赞美　那些幼树的栽培者　能做到的最多是拿到赠品而已　最大的宗派　所有小团体的糟粕

左老师是山东峄山人，他上嘴唇的正中长了一颗黑痣，黑痣上长着几根长长的白毛。有一天，他左手拿着柿子嘬着，右手捽着一个扒手的头发。

不能总是这样做事　暂时还得保守这一秘密　股市的走势很低迷需要造势　总做坏事　糟糕的走狗　做过最高总司令的资格足够了

钻石是这位尊贵客人的，邹先生就是尊贵的客人。宗老总一边吃着粽子，一边梳理着马的鬃毛，他有足够的时间做这些事。

日中则昃　增长点在哪里　受组织委托　最终所要达到的目的　总之，尊重知识尊重人才是对的　美元不断增值　自制的香肠　昨天还是总统今天就成了阶下囚　总体上是赞同的　拿出座谈的姿态

她感叹道：他左耳聋，又是在醉态下，是怎么回到鲗鱼涌的？

他实施了罪恶的抢劫计划，总额达到三千多万元，我们没能阻遏住他作恶呀！

每个人都有自己的择偶标准　钻探费的总额

笪英才先生和曾海涛女士以及迮雅茹女士三人在一个办公室里工作。她们穿的皮鞋都是一个品牌的，油光锃亮。

怎能忘记　怎好意思　这真是造孽呀　怎么办

要做好最好的和最坏的两手准备，最后还要有一个综合的准备。

资本运作最快也得半年，并且还得总部批准。

自考就是自学考试的简称　载客车辆已经超载　因考试作弊而受到处分他为此自卑　阻抗是物理学名词　自保　自打嘴巴

臧老板与湖北郧阳的昝杜鹃小姐结婚了，婚后，臧老板经常酗酒。有一次，臧老板去客户家做客，他老婆对他说："走吧，你这个醉汉要早回，否则自掌嘴巴！"

昨天还有作用怎么今天就没作用了呢？

你这种做法是罪恶的做法，是会给人类带来灾难的。

在座的都同意加强资源保护　怎样才能让咱们的灾区走向重建　怎么是自费呢

灾民在做自保的事　子女不再阻挠　最难的是那些遭难的人　最牛的是那些腐败官员　两个罪犯，一个造谣一个造孽

遵循应赞美　早去要早回　自尊也自责　藏语说昆仑　灾民灾情深　字幕无字母　做梦受责骂　汉字造型痕　自由不足以　遭殃欲自焚　暂且赠足球　早早来咨询　在座都坐坐　看谁最愚蠢　最早听仔细　总想明双文　增幅又增效　赞扬自在心　资格足够尊

C

从此冲出了层层包围　此次的猜测宣告失败　此处的财产归国家所有　这里存储了大量化学武器　有关磁场方面的材料　要讲究策略　夏天的北方翠绿欲滴　层层设卡　此类问题不能再出

夏莹指着她老公的鼻子骂道："你跐鼻子上脸了！"说完，噼噼啪啪几个耳光打在她老公的脸上。

此案正在审理中　错案会导致残害或惨案

法官既要有慈爱的情理之心，又要有公正的法理之心，对吗？

她因错爱受到如此残害以至酿成惨祸。

赛场拥挤发生踩踏事件，在踩死的人中有因窒息猝死的。

不许粗俗的人参会　才会实现策划的目标　凑合着用吧　起草了一份测算草案　去掉白色都是彩色对吗　被摧毁了　此后再也没来

财会人员存款和取款是家常便饭　操办婚事　挫败了一起恐怖袭击事件

一个残酷的现实摆在了曹操的面前，使得他本来就很苍白的脸色变得更加阴郁。此刻，他正参考赤壁之战的惨败经验，准备挫败对方的进攻，从而使战局转危为安。

满仓在一个山区旅游时，看到峰峦叠嶂、路窄崎岖、车人拥堵的场景，就随口吟出一首诗。

凑热闹　第一财年支出的采暖费　侧重补贴了三千多万元　次年才采纳了这位才女的意见　他草率地把逃犯藏匿起来　结果违法　被迫辞职　去村镇的采摘园里采摘，要参照树的高矮和采摘人的身高比例　重新测试的次数不能算数　促使他从中使坏　没有藏着掖着的事　这才是我们所需要的

忙于采购错过了参观机会　此外我还从未犯过错误　次日存入银行　曾任村官的他很有才干　财务和财物是两个概念　舱位的残污有醋味　做事从容的人感情不脆弱　这是个手段极其残忍的家伙

爨股长长着粗重的眉毛，他不仅有汆汤的手艺，还会用冰镩镩冰，用苁蓉和大葱制成的馅蒸包子。他说："做什么事都不能一蹴而就。"

楮树园　曾经参加裁减财经人员会议的人　曾经产生过错觉　惨剧的制造者　残局的收拾者　此地的草地胜过城市的草坪　你们猜到是如何裁定的吗　把菜谱打印一份然后存盘　不仅是篮球裁判还是彩票的操盘手　你们的产品通过测评被裁定为次品　她辞掉了这份别人为她夺来的工作

崔经理是东北吉林的莝草人，一直在湖南楮树园做房地产交易。

采访是次要的　侧面参与了解　从严打击　这里存有从业人员的餐费　餐饮苍蝇

这名村妇通过此番测验发现　她很聪颖

曾有汽车侧翻在这里，存放的金条不翼而飞，司机也残废了。

草原晚霞有彩云　苍茫大地草木春　彩民聘请我参谋　赐予聪明附财运　此前存钱银行管　现在财源付财团　从前蹉跎凑巧事　苍天苍穹不篡权　惨遭错字少词组　财贸公司大裁员　重新参选促销会　村民辞行树参天　存心操作不操纵　粗心操心看从前

S

南港浃　驷马难追　俟时而动　肆无忌惮　嗣继法　每天搜查私藏枪支三次至四次　森林能调节气候　速录技术靠的是词的缩略　世界的名牌大学　私立的　没有思路就没有素材　二人撕扯扭打在一起　民主思潮在四处荡漾　扫除封建余孽　绷紧的神经松弛下来　他在赛场周围四处游荡

如局长是山西省虒亭人，他经常穿一件用兕甲做的夹克上衣和用丝绸做的裤子，坐在汜水河畔看鹭鸶在田野上空打莛，倾听附近寺庙的晨钟和暮鼓，思考着金属元素锶的利用价值。

纪律松散　不能撒谎　用完了就要送回　损害公司权益

在澥河召开了扫黄会议，散会后，我就上网搜索有关的案例，随后又思索诉案的相关方，似乎一场抓捕、诉讼、判刑的大网已经张开。

嫂嫂每天都是扫扫地，算算开支，看看有没有被损坏的物品，然后右手托着腮想心事。

秋风萧瑟　随便思考　苏俄问题　松开双手　送别了刚刚丧偶的朋友　警察在一片房屋前散开开始搜捕逃犯　我爱你塞北的雪　做事忒死板

桑先生一边散步一边对路人散布假信息说："我刚送客回家，到公安机关诉苦有奖励，领导一松口没准儿就奖励万儿八千的。"此话正好被他妻子听见，她拧着桑先生的耳朵说："你这个没羞没臊的扫帚星就知道胡说八道，回家看我怎么收拾你！"

扠出车外　扠个跟头　扠了一下

随着登革热疫病在非洲的肆虐　送你一份思念　送给所长一个绰号　在死难者中有一位苏州死者　你能说出酸奶和蒜泥的味道吗　桑拿老板很会算账　孙女说搜刮是贬义词　三国中的人物素质很高

高森和高嵩是浙江崧厦人，是一对双胞胎兄弟。一天，哥哥高森开车，哥儿俩（拼写键位：g′rlnv）去嵩山看雾凇。由于路面湿滑，高森向左打轮来了一个急刹车，高嵩一下就从车窗处扠出去了，摔得满脸是血。

所谓的损失　随时都有可能出现死亡　用三维的形式思维　丧生就是丧失了生命　虽说不怎么斯文但还会写散文　算术属于数理逻辑　他留下来负责扫尾

随即召开了索赔会议　赛跑的速度虽然快　所见企业都是私人性质　因骚扰被刑事拘留　锁定范围　搜集信息　缩短时间　把速记稿速递到上海虹桥　一日内务必送

达　缩减开支　僧人的意念　猪尿脬的碎片

睢小姐是河南睢县人，在中国驻苏丹大使馆工作。她的同事孙雯、隋圆圆是河北围场人。

司法立三方　所以有思想　私企随同众　塑造扫描忙　赛马已遂愿　私欲被缩放随缘又随意　赛区设赛场　三月连四月　酸疼加酸痛　酸枣酸甜香　死于死刑者私吞索取邦　虽有洒脱感　算作私营商　索性不松懈　缩小所需方　森严且肃穆　四面俗语乡　算法不随意　赛艇随风好　苏醒散心去　随时酸雨汤

Y

这次出台了制裁政策、仲裁政策和珍藏政策，统称为"三大政策"。

这里需要指出的是　战场在哪里　需要治理的种类

郅顺畅是河南轵城镇人，他有一项治理荒漠的专利，他把这项专利卖给了在陕西新畤工作的侄儿。

人为制造障碍　社会治安好转　刑警破重案　要珍爱这份友情　吸烟容易致癌至爱是真情

中文不只是汉字，还有用26个拉丁字母构成的拉丁中文。要重视中文拉丁化，这可是中文国际化的基础啊！掌握拉丁中文用学习和掌握汉语拼音方案的时间就够了。

正式提出道歉的要求　肇事人跑了叫作肇事逃逸　我是研究植物的　警惕周围的环境　战胜了对方

有位叫周舟的先生，他不仅爱喝粥还非常重视粥的质量。有一天，山东洙水河的郐中山先生和山东洙赵新河的朱昆仑先生一同到他家做客，周先生就拿出三莇大花纹碗盛满各种粥来款待他们二位。

中国共产党是中国的执政党　这种政治制度的特点　真正整治腐败必须从源头上抓　我郑重地宣布　逃犯抓住了　重症伤者也病愈出院了　她走上了人生的正轨　最珍贵的爱情和友情　请每个人都照顾好老人

只能是听之任之了　转变职能

战争也要智能化　三年之内　侄女为人厚道　战略联盟

甄女士的名字叫甄亚琴，是广东浈水河畔人。一个周二的上午，我们在她侄女甄媛姑娘的带领下拜访了她，她虽然只有四十多岁，却满脸都是褶子。这大概是中青年时期过胖导致的吧。

准备准备就出发　会议按时召开　逐步转变有一个过程　展开了转款调查　这种状况下发动政变恐怕难以掌控　警方指控你私拿回扣　能照搬但是不能照办　这需要甄别

冠豸山　安营扎寨　债权债务　要抓紧抓好贯彻"三严三实"工作　在搜查了他的住所之后还要追诉　用于周转资金的账号　追随专横者等于找死　正好周三周四工作周五休息　只好装蒜假装不知道

詹律师是福建冠豸山人，他是祭经理的法律顾问。最近，詹律师正在组织起诉材料起诉自然人占应红、翟福夫妻二人。

惴惴不安　打击的重点　可以直接支配使用　不要竞争也不要着急　赶紧装点房间准备招待　照片上的展品是赝品　要知道政治制度是一个国家的统治模式　以招聘为名实施诈骗　重点针对证据　至今没有明确震级　占据了整个房间　土耳其击落一架俄罗斯战机

把他从车上拽下来，拽紧。

这是新职业之一　维护正义　要注意住房安全问题　主要是证人的证词　他是我们的主任　我们的主人　我国政府十分重视中法关系　执法者必先守法　中方为转让技术而振奋

终于得到证明　在正常状态下　这些正确的主张正在实施　主权　主体　制造恐怖袭击的人今天被执行死刑　专门负责制作　政协不是制约机构　整体来说还是比较准确的　住院这么久了我祝愿你早日康复　周末之前出版这本著作　一整天都在追踪

折腾了一个中秋也没有招募到志愿者　桌面需要更新　战前需要支援　站在职员的角度　振兴中华是几代人的重托　著名的中文拉丁化专家住在颐和山庄　准予转型　展厅正在装修　有正气的人　永远振作　只想挣钱不择手段是致命的　债权和债务

V

叱咤风云　我住在长城脚下　常常出差　超出了查处范围　处处有风险　铲除和惩处的词义　足有 5 尺长　差错和出错的词义有原则的区别　初次乘坐这趟车　唱词中有"冲刺"这样的单词　成立了一家处理矛盾的公司　产量刚刚出来

迟永生是湖南龙摘田人，池浩是山东茌平县人，二人都是中医。有一位眼睛经常有眵目糊、名字叫吕静簏的人去找他们看病。

撤案前要先查案　唐朝的长安就是现在的西安　李隆基宠爱杨贵妃　把内奸处死了　他很出色　色情场所　他的故事被人人传颂　为什么撤诉呢

她说："天天吵啊！都要吵死了！"

柴老板从辽宁的垞子里迁到了河南嵖岈山。有一天，下起了雨夹雪，他的鞋子被踏湿了，他就一边踏着雪水打镲，一边吆喝着："到我家喝棒碴粥啊？到我家喝棒碴粥啊？"

海关查获了出口违禁产品，传唤了绰号叫黄二的当事人，此事很快就传开了。

警察要求敞开仓库查看　凡是公共场所和场合都有监控　创汇是为了偿还国外贷款　你不要掺和进来

有一名乘客很猖狂，在警察的教育下，他知道自己闯祸了，就诚恳地向大家道歉。

澶振昶先生在自家的场院里建了一个习武场，凡是来习武场比武的都要带一些当地的鱼作为见面礼。因此，他家里就有了瀍河产的鲳鱼、浐河产的鲶鱼等等。

谶语　趁热打铁　帮衬　称心如意　承诺消除城乡差别　提前超额完成　出纳初步确定了差额税　查办和承办　超标的单位被惩办　扣除成本的产能　吹牛者被嘲弄丑恶的一面　中学初二　大年初二　嫦娥二号　时代宠儿

晁金花科长请陈局长吃饭，她请谌副科长在厨房里下下手。她说："小谌，你把芹菜焯一下，再把海带洗一洗，防止牙碜。"说着，就抄起用塑料管做成的擀面杖擀饺子皮。

　　如何处置出轨者　她坐在垂直起降的直升机上唱歌　按常规产值查找　超过20%的人出国　成功的成果谁来摘　成长的烦恼　你的体重超重

　　这成为她的思想源泉　想尝试一下当常委的感觉　不要插手这样的丑事　城市承受着人口环境的压力　窗外的田野有成熟的庄稼　诚实、沉稳就是他的个性

　　面对这种场面他沉默了　这是成人出入的场所　充满了神秘色彩的倡议　由官员出面干预　他阐明了没有查明的问题　传媒加大了宣传的筹码　你承认了通过触摸就能传染的事实　出让专利使用权　出任司法部长　与你这样的人交朋友简直就是耻辱　在创业的征途上加上创意的砝码　承认地域的差异性和产业的社会性

　　啜团长在江苏噇口服役，是某坦克团团长。他走进食堂，看见一个士兵双手揣在裤兜里站着看另一个士兵搋面。

　　绰绰有余　有成绩就有成就　春节来春季到　持久的纯洁　已察觉到彼此的差距　这是我们常见的产品　长度不足尺度不够　看似纯朴实则狡猾　他用颤抖的手接过传票　一时冲动赔了不少钞票　差点迟到和彻底迟到　结局不一样　车牌号是蒙H48052　去承德的车票

　　赵春在发货单的发货人一栏盖上有自己名字的方形印章（也叫手戳），又搬了几箱香椿芽放到汽车的后备箱，就开车直奔山西的塔坪而去。

　　有充分的理由建设　除非有处罚或惩罚的成分规定或约束条款　否则会出现持续的冲突。

　　要先查询后查清这种产权纠纷，防止彼此串通。

　　争取在出发前吃饭和出院　传统的塞外的春天是指清明前后　他因超载而触犯了法律被罚款

　　出于畅通方面的考虑我们将撤退沿线阻击人员　出于安全考虑我们将重新出台筹资方案　我查阅了所有成员的资料　从长远来看春运现象还要持续若干年　我国的每一个成语都有一个历史故事　它穿越了两千多年的历史时空　出庭作证　不要掺杂创作的小说很畅销　出席创新会议　长期抽取地下水　炒作纯情是为了衬托　获得称赞　创造必须有超前的意识　出去逞强　充足的睡眠是保证长途安全的条件之一　趁早澄清事实　拉丁中文程序设计语言出现是迟早的事

W

　　市场首次开放就很顺利　上次生产的数量比这次多　商场的生存空间不是商量的事而是市场的需要　经理率领的是一个领导层　因此深层腐败在所难免　善良的收藏家　首创实操大王之名　审理数次都不顺畅　成效并不显著　贸易顺差

　　施世仁是山西繁峙县人，石德是河南浉河河畔人，史文斌是山东小郐村人，奭荷花是内蒙古多伦人。这四位大学同学毕业五年后，在一次学术研讨会上相聚了。晚上会餐喝酒，施世仁倡议，每人用自己姓名中的任何一个字说一句成语，成语中的第一个字必须与前一个人所说的成语最后一个字一样。说不出来罚一大碗酒。大家表示同意后，他先说："仁义道德"，石德说："德高望重"，史文斌说："重武轻文"，奭荷花

没有答上来，她喝了一大碗酒。

古代汉语深奥的原因：一是没有标点符号，二是用字量大。

每四年申奥一次　深爱的人　世奥是世界奥运会的简称　上诉能胜诉　申诉胜诉难度大　为社会输送人才的时候　受损不太严重　财政收缩进一步深化　时速130公里　解决食宿　你说话呀　她过着非人的生活　你理解上诉和申诉的单词词义吗　把米中的沙子沙一沙　用扇子扇风

沙姗姗手里拿着一把钐镰，她冲着门口的石狮子一边喊着："杀！杀！杀！"一边潸然泪下。她的男朋友从山西北墙骑着一匹黑白相间的骟马走了14天才来到浙江剡溪看望她。当他看到自己深爱的人竟是这种状态时，心里充满悲伤。他决定陪伴她，为她治疗精神疾病。不久，沙姗姗病愈，这一对"有情人终成眷属"。真正是：天道酬智，地道酬勤，人道酬和啊！

失败的教训是深刻的　时刻注意失控　设备质量的鉴定必须由专业人士或是专家进行　面对数倍于我的敌人要特别警惕　上课后才知道这节课是数控　被双开的官员表示他们不能在党政机关上班了　有没有申报"受苦"吉尼斯世界纪录的

清明那天，邵书记和商乡长买了10斤酒装在水筲里，让群众分组缂鞋，共用废布料制作了20双鞋。然后，坐上马车去当地的一个烈士陵园祭奠。到达地点后，赶车的车夫倒车，他嘴上说："捎！捎！"马就用屁股向后用力，一直准确地把车停在车夫所需要的地方。这时，邵书记和商乡长把20双鞋分别摆在刻有姓名的墓碑下，把水筲里的酒用碗舀出来倒在每一个墓碑前。商乡长神情肃穆地说："英灵们，你们安息吧！"

贪污数额不小　两国首脑举行了会谈　少年少儿频道　税额达到17%　时而冲入海浪时而飞向云端　谗言顺耳忠言逆耳　室内卫生不可忽视　首恶必办

佘阿姨从广东登輋镇嫁到歙县已经五年了。她说有一次去河南椹涧串亲戚时，感觉待在那里头皮就发痒。那里的亲戚也不知道什么叫什锦。

这些人是否始终是少数　双方对上述问题的理解　事实说明你们所谓的货币升值是有水分的　睡眠不好就设法数数　防止影响生长　要慎重收费　农产品的价格又上涨了　不能束缚税收政策　深受长辈们的赏识

我的办公桌上放着一封信，信封上写着：浙江省嵊州市笙歌区　刘升　收。

上面都说明了什么　生命并不神秘　世贸数码大厦　省委发表声明　首位处级领导因公身亡　稍微失误就有可能导致撤职　身为机关事务管理局的局长

黄淑苹从小在沭河河岸长大。每到看见秋天稻菽和黍子成熟的时候，就想起了妈妈做的年糕。

商铺的货架上摆满了各种商品和食品，生怕不够卖似的。

瞬息万变　媒妁之言　闪烁　众口铄金　铄铁为刃　铄石流金　硕大无比　我们的生意受到时间限制　上级正在审计税票的事　省级的数据和市级的数据不一样　你的手段颇有水平　深度开展实验试点工作以适应事业的发展　这种使用视频审判的办法在全世界还不多见　少将的名字叫鲁耀霜　涉及受骗人数达到千人　这位刚刚上任的市长是我的熟人　商人的收入时高时低　你稍等我马上输入　举办了盛大的告别酒会　善待老人的宣传工作必须深入

已收到你的设计，很生动，也很现代。

使馆商讨给水果　耍钱时光事故多　胜任首先身体好　申请上岗谁说过　升学深造上学忙　授予授权为什么　试图审讯已受阻　受灾受罪问奈何　善于试探去市院　实行省钱结硕果　上调顺序意深远　省厅手续是首个　水灾数字擅自改　失去时效会闯祸　剩余事情伤员干　深感势头已衰弱　审阅衰退神情肃　赎罪十足确胜过　深情疏远日蹉跎

R

大嚷大叫　熙熙攘攘　让步　瀼渡河　礼让　如此仁慈　日出时入场　认出你是人才　每天不少于上万人次　必须向你认错　日常收取的费用　请让出入场通道　我国是世界上人口最多的国家

不予认可　他不让开你就绕开　仍可继续任课　任何一个借口都会惹祸　容留妇女卖淫罪　请喝一杯热茶　不管谁来都热烈欢迎　大自然赋予人类的燃料是取之不尽、用之不竭的　扰乱社会治安被刑拘　后来改邪归正还荣获了发明三等奖　他的双眼在柔和的灯光下显得特别锐利　日后给你让利　把这个熔炉换成容量更大的如何

色厉内荏　万仞高峰　不分日班和夜班　要了一份肉饼和一碗豆腐汤

日本的《朝日新闻》是日报。

人脑设计了电脑，因此说，电脑病毒肯定是因人脑设计有漏洞，如想解决电脑病毒的问题，首先要解决人脑的问题。

任老师接受了一项去惹怒狮子的任务，很多人也想看看热闹。有人担心，狮子的忍耐度是有限的，一旦惹恼狮子，它若发起进攻怎么办？一个容纳一百人的礼堂挤满了看热闹的人。

鞭皮子　揉眼睛　柔情似水　矫揉造作　肉食　肉麻　如果认识就请认真准备　请认准商标标志　吃皇粮的人数若干　在激情燃烧的岁月里　在人生的舞台上　把这间房子腾出来让给你用　学习是一个认知的过程　人事上的安排归人事局　不做有损人格的事　培训和认证彼此应该分离　具备任职条件吗　瑞士是西欧国家　把人工降雨的工作扔给了人工　绑架人质事件有人证　张三弱智而李四睿智　拎包入住是房产商的标语口号　日光有紫外线　凉水经过加温就成了热水了　如实说明认购办法　不可饶恕的错误　忍受着非人的煎熬　日工是 8 小时

人间自有真情在　我仍然认为你们的任务还没有完成　已认定人家是搞软件和软件开发的，如若不信请查看日记　是热点问题不是弱点问题　由于你柔软的性格　忍让仍将持续　小说所塑造的人物仍未离开作者的喜恶　卖国者扔掉大片国土　惹得民众敢怒不敢言　热带在赤道　人均收入税减　如今由于人为因素造成的灾害　很多很多　他仍旧被软禁在偌大的一片厂房里

他大声嚷道："给我揉揉！给我揉揉！我入围了。"

发源于北京密云的洳河遇山绕弯，一路缓缓地流向河北省。

江西坑埂有一家肉铺，肉铺的老板来自广西都太，叫郑瑛。他的肉铺卖肉票，凭肉票可以到任何一家商铺买乳品、肉片、肉排、肉皮等。有一位来自甘肃汭丰名叫林

婤的女子与丈夫芮云山来到这里做生意。她们与肉铺的郑老板商议，拟在云南那婼和瑞典各开一家类似郑老板所开的卖肉票的肉铺，问如何让客户拿着肉票去其他商铺买到上述肉食品。

我仁爱的母亲热爱生活　人民和人们的名词解释　一般人都说不清楚　日方认为日美关系十分重要　这次有关任免后的任命名单还没有公开　让容貌更美丽的化妆术已是热门　他所在的单位出了人命案子　很强的人脉关系　任意与约束

人造人体话人权　人群人员出人犯　热天让与热风吹　日语任由用日元　冗员若要不如意　日月如约相转寰　揉碎肉色做肉松　如同荣幸在日前　若非仁义人情在　日夜绕远难如愿　燃油燃放快如风　冗杂仍在让座难　染色如图需润色　热情融洽日趋全　荣誉荣耀不染发　仍有认同容易见　如同任性如期至　容许弱小喝乳酸　绕嘴绕行是弱项　热土热心用心专

二　常用词汇总表

本附录常用词的序位事实上就是双文速录软件常用词的序位。

设置"常用词汇总表"是为了让学员在学习过程中有所参照，也可以根据此表设置若干卡片进行常用词录入训练。

字母 \ 序位	1	2	3	4	5	6	7	8	9	0
aa	暗暗	矮矮	嗷嗷	傲岸						
ab	岸边	敖包	挨边	癌变	鳌拜	安保	奥博	安倍	熬	凹
ac	暗藏	挨次	爱财	挨呲	按此	啊	嘎			
ad	安定	爱戴	黯淡	哀悼	奥迪	挨打	安顿	案牍		
ae	挨饿									
af	安抚	案发	安分	案犯	挨罚	爱抚	安放	暗访		
ag	爱国	昂贵	挨个	傲骨	鞍钢	暗沟				
ah	爱好	爱护	懊悔	暗号	爱河	安	谙	氨	鞍	庵
ai	安逸	阿姨	熬夜	案由	暗夜	爱意	碍眼	暗影	遨游	昂扬
aj	安静	案件	暗箭	案卷	安检	挨近	爱家	暗礁	暗间	按揭
ak	安康	案款	爱哭	拗口	暗扣	哀哭	肮	舡		
al	案例	按理	暗恋	爱恋	安乐	癌瘤	爱怜	哀怜	啊	
am	傲慢	奥秘	奥妙	按摩	澳门	哀鸣	挨骂	暧昧	爱慕	爱美
an	安宁	懊恼	按钮	爱女						
ao	奥运	按语	按月	哀怨	碍于	澳元	暗语	案语	安于	
ap	安排	挨批	爱拼	矮胖	安培					
aq	安全	爱情	按期	案情	傲气	哀求	矮墙	暗器		
ar	爱人	安然	盎然	黯然	昂然	矮人	傲然	傲人		
as	暗算	哀思	奥赛	唉	哎	挨	埃	锿	捱	哀
at	IT业	哀叹	熬汤	案头	凹凸	哀痛	癌痛	爱听	暗探	昂头

续表

常用词字母 ＼ 序位	1	2	3	4	5	6	7	8	9	0
au	安危	安慰	安稳	案外	爱玩	傲物	坳洼			
av	爱称	暗处	鹌鹑	哀愁	安插	黯沉	啊	阿		
aw	按时	暗示	按说	碍事	爱上	哀伤	挨说	爱说	安神	暗杀
ax	爱心	爱惜	暗想	翱翔	矮小	安闲	安详	暗箱	凹陷	
ay	按照	安装	安置	暗中	癌症	澳洲	按住	熬制	鏖战	熬粥
az	案子	暗自	肮脏	挨揍	矮子	爱子	安葬	按组	鏊子	
ba	不安	备案	办案	报案	保安	本案	八	捌	吧	巴
bb	并不	不变	不便	颁布	遍布	被捕	版本	弊病	卑鄙	包
bc	彼此	保存	不错	本次	白菜	悲惨	鞭策	薄	博	铂
bd	不但	不断	报到	部队	表达	办到	不对	不得	变动	
be	北欧	报恩	波恩	保额	不饿	匾额	碑额	兵	冰	槟
bf	部分	办法	颁发	并非	报复	报废	爆发	北方	包袱	鳖
bg	被告	报告	不过	悲观	变更	白宫	逼供	把关	宾馆	倍感
bh	变化	变坏	保护	办好	不会	包含	辩护	背后	班	般
bi	必要	不要	不用	榜样	毕业	半夜	报应	表扬	逼	屄
bj	比较	毕竟	北京	不仅	不久	本届	表决	背景	悲剧	报警
bk	包括	避开	崩溃	博客	报刊	本科	被控	帮	邦	浜
bl	不论	辩论	并列	濒临	保留	笔录	暴露	暴力	巴黎	擘
bm	避免	部门	表面	表明	闭幕	保姆	北美	斌	彬	宾
bn	不能	并能	本能	不难	别扭	半年	摆弄	便能	奔	犇
bo	本月	北约	便于	抱怨	边缘	暴雨	比喻	本院	白云	不愿
bp	被迫	被骗	奔跑	别怕	不怕	帮派	摆平	被判	背叛	鞭炮
bq	并且	霸权	表情	抱歉	不去	病情	搬迁	版权	本钱	摒弃
br	不然	必然	别人	比如	不如	包容	薄弱	本人	不让	辨认
bs	比赛	伴随	败诉	白色	不算	闭塞	本色	背诵	白送	掰
bt	不同	摆脱	表态	不提	拜托	半天	本庭	白条	杯	呗
bu	把握	并未	包围	部委	办完	濒危	北纬	傍晚	病危	饰
bv	保持	补偿	变成	办成	八成	补充	别处	秉承	簸	跛
bw	表示	办事	不少	本身	本市	本事	保释	保守	笔试	部署

续表

常用词 字母 \ 序位	1	2	3	4	5	6	7	8	9	0
bx	必须	必需	表现	不行	不想	百姓	保险	部下	标	彪
by	标准	保证	帮助	保障	本质	爆炸	部长	贬值	表彰	嘣
bz	不再	不足	编造	宝藏	暴躁	别再	倍增	闭嘴	边	编
ca	此案	错案	草案	惨案	慈爱	错爱	擦	嚓	拆	搽
cb	曾被	挫败	惨败	慈悲	苍白	参拜	操办	粗暴	操	糙
cc	从此	此次	层次	猜测	层层	词	茨	辞	慈	雌
cd	此地	猜到	裁定	草地	辞掉	惨淡	撺掇	篡夺	村	皴
ce	从而	刺耳	错愕	蹙额	侧耳	慈恩	苍耳	嵯峨		
cf	财富	采访	残废	此番	村妇	存放	侧翻	从犯	餐费	窜犯
cg	参观	错过	采购	曾给	才干	凑够	村官	葱	聪	璁
ch	策划	此后	凑合	摧毁	残害	惨祸	才会	参会	参	餐
ci	采用	曾有	次要	测验	餐饮	存有	聪颖	从业	从严	苍蝇
cj	参加	曾经	促进	残局	惨剧	错觉	财经	裁减	崔	催
ck	参考	残酷	惭愧	此刻	存款	财会	苍	仓	沧	舱
cl	材料	策略	此类	从来	翠绿	灿烂	次	刺	赐	伺
cm	侧面	财贸	聪明	层面	村民	草木	匆忙	参谋	苍茫	彩民
cn	才能	采纳	藏匿	摧弄	才女	次年	财年	采暖	撮弄	参
co	参与	词语	裁员	赐予	残余	草原	曾于	财运	财源	彩云
cp	裁判	测评	次品	存盘	操盘	草坪	彩票	菜谱	搓	撮
cq	采取	从前	此前	凑巧	残缺	辞去	存钱	苍穹	篡权	财权
cr	次日	曾任	从容	残忍	脆弱	存入	俆	镨	蹿	撺
cs	参赛	彩色	才算	粗俗	踩死	惨死	测算	猝死	沧桑	猜
ct	辞退	从头	惨痛	餐厅	参天	草图	屠头	苍天	蹉跎	财团
cu	错误	此外	从未	财务	财物	残污	舱位	醋味	粗	牾
cv	财产	促成	存储	此处	磁场	猜出	此	跐	佌	玼
cw	从事	措施	错事	促使	才是	草率	慈善	测试	次数	凑数
cx	次序	操心	存心	猜想	粗心	辞行	慈祥	从新	参选	促销
cy	财政	辞职	从中	参照	侧重	村镇	惨重	藏着	挫折	噌
cz	存在	操作	操纵	村子	曾在	词组	才子	惨遭	错字	凑足

续表

常用词字母＼序位	1	2	3	4	5	6	7	8	9	0
da	答案	大案	档案	对岸	堤岸	登岸	搭	哒	嗒	奓
db	代表	盗版	赌博	答辩	逮捕	对比	担保	倒闭	躲避	刀
dc	对此	多次	对策	档次	独裁	敦促	督促	得	德	锝
dd	等等	到达	达到	得到	到底	等待	地点	吨	敦	蹲
de	第二	大额	定额	东欧	大二	等额	斗殴	丁	玎	疔
df	地方	对方	答复	提防	担负	对付	大夫	大风	颠覆	爹
dg	大概	打工	多个	带给	对过	夺冠	躲过	订购	东	冬
dh	电话	大会	都会	夺回	导航	捣毁	懂行	单	丹	儋
di	第一	答应	都要	都有	对应	动摇	导游	抵押	电影	低
dj	大家	大局	打击	多久	大舅	倒酒	赌具	到家	登记	堆
dk	贷款	打开	大款	夺魁	对抗	抵抗	多亏	当	铛	裆
dl	道路	掂量	道理	大量	到来	代理	对立	锻炼	独立	带领
dm	多么	对面	当面	点明	东盟	倒霉	对门	动漫	地面	对吗
dn	电脑	都能	当年	党内	对内	端倪	悼念	惦念	多年	刁难
do	对于	大约	等于	但愿	党员	队员	待遇	多余	地域	低于
dp	打破	搭配	大批	毒品	党派	弹片	多	剁	咄	掇
dq	当前	地区	的确	夺取	盗窃	道歉	短缺	赌气	调取	丢
dr	当然	担任	打扰	点燃	敌人	动人	打人	到任	调任	端
ds	打算	大赛	大肆	嘚瑟	第三	第四	打死	大蒜	呆	哒
dt	代替	独特	地铁	到庭	倒退	得体	动态	带头	低碳	歹徒
du	单位	地位	党委	对外	队伍	到位	动物	定位	第五	都
dv	调查	到处	多处	堵车	动车	达成	当成	得逞	打车	到场
dw	都是	但是	多少	当时	多数	顿时	对手	电视	都	兜
dx	大学	典型	大小	东西	大型	底线	多谢	短信	兑现	刁
dy	导致	大致	多种	端正	地震	渎职	抵制	赌注	灯	登
dz	电子	当作	打造	都在	党组	动作	带走	短暂	调走	滇
ea	恩爱	欧安								
eb	耳边	恶报	恶霸	耳部	耳鼻	耳背	二百			
ec	恩赐	二次	二层	鹅	俄	额	娥	讹	锇	哦

续表

常用词字母＼序位	1	2	3	4	5	6	7	8	9	0
ed	殴打	额定	额度	耳朵	恶毒	恩德	恩典	恩待	殴斗	摁倒
ee	偶尔	俄而	欧俄	俄欧						
ef	而非	偶发	阿附	二分	耳风	耳房	藕粉	偶犯	沤肥	沤粪
eg	恶果	俄国	儿歌	二哥	恶棍	耳光	耳根	恩公	耳垢	耳鼓
eh	恶化	噩耗	而后	尔后	二婚	二号	偶合	恩惠	二环	耳环
ei	而已	而言	而应	而又	欧亚	欧阳	恶言			
ej	而今	耳机	恶疾	二级	阿胶	瓯江				
ek	儿科	耳科	耳孔	耳廓						
el	恶劣	耳聋	恶狼	二老	二流	二楼	鄂	饿	愕	苊
em	欧美	欧盟	俄美	噩梦	耳目	耳麦	耳膜	耳鸣	欧姆	鸸鹋
en	儿女	儿男	婀娜	恶念	二年	鄂南	恩	蒽	奀	煾
eo	欧元	鳄鱼	恩怨	厄运	俄语	耳语	二月	恩遇	偶遇	
ep	耳旁	耳畔								
eq	而且	恩情	怄气	额前	恶气					
er	偶然	恩人	恶人	愕然	二人	俄日	二日	讹人	殴辱	
es	饿死	扼死	儿孙	恶俗	耳塞					
et	儿童	呕吐	额头	恶徒	歘	欸	誒			
eu	额外	而外	俄文	耳闻	二位	二维	欧文			
ev	讹传	而成	恶臭	耳沉	二成	耳传	耳垂	恶	婀	枙
ew	而是	扼杀	儿时	二审	二十	二是	二手	扼守	殴	区
ex	恶性	儿戏	偶像	恶习	恶心	儿媳	二线	二心	耳性	耳穴
ey	欧洲	遏制	遏止	讹诈	二者	二战	恩准	鞥		
ez	儿子	恩泽	遏阻							
fa	方案	翻案	犯案	妨碍	父爱	肺癌	发案	法案	发	酸
fb	发表	方便	分别	腐败	发布	反驳	封闭	分布	诽谤	副本
fc	服从	发财	犯错	讽刺	副词	方才	饭菜	风采	分寸	佛
fd	反对	否定	奋斗	法定	饭店	繁多	贩毒	房贷	辅导	负担
fe	反而	份额	封二	愤而	飞蛾	浮额	浮沤			
ff	方法	丰富	反复	犯法	仿佛	反腐	防范	防腐	非法	夫妇

续表

常用字母\序位词	1	2	3	4	5	6	7	8	9	0
fg	法规	法官	法国	覆盖	发光	翻供	犯规	奉告	放过	富贵
fh	符合	发挥	访华	繁华	反悔	贩黄	峰会	翻	帆	藩
fi	反应	反映	费用	发扬	发言	繁衍	法医	防疫	敷衍	抚养
fj	发觉	放假	否决	风景	房价	分局	费劲	附加	附件	附近
fk	反馈	放开	分开	罚款	反恐	疯狂	反抗	防空	方	芳
fl	法律	泛滥	分类	奋力	翻脸	分量	非礼	费力	俘房	辅路
fm	方面	发明	繁忙	分明	父母	法盲	反面	负面	贩卖	奉命
fn	妇女	愤怒	发怒	烦恼	方能	房奴	芬	纷	玢	酚
fo	法院	发育	飞越	赋予	贩运	防御	分院	飞跃	抚育	富裕
fp	分配	发票	废品	扶贫	奉陪	反扑	封皮	放屁	飞跑	肥胖
fq	发起	放弃	分歧	奋起	奉劝	分清	废弃	富强	父亲	付清
fr	否认	繁荣	法人	烦人	犯人	放任	愤然	废人	赴任	富饶
fs	放松	发送	分散	封锁	烦琐	风俗	反诉	放肆	粉碎	复苏
ft	法庭	访谈	反贪	反弹	沸腾	发帖	饭桶	附图	飞	霏
fu	范围	服务	分为	氛围	访问	发文	防卫	肥沃	法网	夫
fv	非常	付出	发出	范畴	房产	发愁	反常	复查	废除	扶持
fw	发生	方式	凡是	腐蚀	防守	分手	发射	丰收	辐射	放手
fx	发现	风险	方向	奉献	反响	奉行	防线	放心	腐朽	服刑
fy	发展	防止	方针	法治	分钟	繁重	峰	丰	锋	风
fz	负责	否则	复杂	犯罪	放纵	法则	副总	房租	繁杂	仿造
ga	公安	关爱	高傲	归案	港澳	肝癌	个案	该案	胳	旮
gb	根本	改变	改编	干部	公布	告别	个别	关闭	高	皋
gc	刚才	钢材	高层	国策	故此	革	隔	格	镉	搁
gd	规定	感到	高度	观点	更多	更大	各地	广大	古代	股东
ge	高额	感恩	高二	孤儿	故而	干呕	聒耳	改而	共轭	辜恶
gf	广泛	规范	各方	国防	过分	辜负	瓜	刮	呱	胍
gg	改革	公共	各国	巩固	功过	敢干	宫	龚	供	工
gh	更好	规划	搞好	关怀	光辉	国会	国徽	甘	干	肝
gi	工业	国营	国有	管用	过硬	观音	雇用	供应	光	咣

续表

常用字母 \ 序位（词）	1	2	3	4	5	6	7	8	9	0
gj	根据	国家	更加	更佳	感觉	规矩	工具	瑰	妁	归
gk	概括	广阔	港口	概况	高考	公款	搞垮	公开	刚	罡
gl	管理	规律	各类	鼓励	公里	工龄	纲领	各	硌	铬
gm	规模	光明	购买	公民	革命	冠名	高明	赶忙	干吗	乖
gn	功能	观念	概念	归纳	国内	挂念	供暖	更能	闺女	跟
go	关于	公园	根源	过于	干预	官员	高于	甘愿	敢于	贵院
gp	公平	股票	挂牌	拐骗	改判	高频	购票	光盘	郭	锅
gq	过去	感情	国情	国企	刚强	怪圈	跟前	国庆	股权	够呛
gr	工人	公认	公然	果然	光荣	供认	古人	贵人	关	官
gs	公司	公诉	告诉	跟随	骨髓	甘肃	高速	公孙	归宿	该
gt	沟通	共同	钢铁	港台	个体	高铁	滚烫	甘甜	感叹	柜台
gu	各位	岗位	国外	高温	格外	过问	鼓舞	顾问	古文	辜
gv	过程	工程	观察	构成	贯彻	葛	盖	舸	哿	鲄
gw	改善	干涉	感受	公示	国事	故事	固守	缑	勾	沟
gx	关系	高兴	高效	各项	关心	惯性	共享	感性	贡献	感谢
gy	各种	关注	公正	观众	广州	贵州	故障	改正	耕	更
gz	工作	规则	构造	改造	赶走	刚走	跟踪	过早	贵族	灌醉
ha	黑暗	和蔼	昏暗	河岸	海岸	悔啊	灰暗	哈	铪	蛤
hb	合并	好吧	何必	环保	货币	华北	回避	航班	薅	蒿
hc	花草	何曾	会餐	河	何	盒	荷	合	核	阖
hd	活动	很多	很大	回答	回到	获得	核对	浑蛋	昏	婚
he	海尔	海鸥	忽而	互殴	皇恩	浑噩	横额	花萼	洪恩	骇愕
hf	合法	恢复	后方	花费	合肥	互访	寒风	化肥	花	哗
hg	后果	合格	宏观	鸿沟	韩国	化工	火锅	轰	吽	烘
hh	很好	很坏	后悔	辉煌	航海	浩瀚	红红	悔恨	毁坏	酣
hi	还有	会议	怀疑	欢迎	婚姻	谎言	黑夜	行业	慌	荒
hj	合计	环境	回家	缓解	获奖	喝酒	辉	徽	晖	珲
hk	很快	何况	航空	货款	还款	回款	会客	好看	好客	夯
hl	合理	后来	回来	衡量	贿赂	寒冷	贺	赫	鹤	褐

续表

常用字母\词\序位	1	2	3	4	5	6	7	8	9	0
hm	后面	很忙	慌忙	好吗	缓慢	昏迷	航母	毁灭	荒谬	划
hn	还能	怀念	很难	糊弄	海南	河南	湖南	海难	胡闹	嗷
ho	汉语	花园	很远	呼吁	好运	还原	还愿	韩语	喊冤	货源
hp	和平	害怕	活泼	湖泊	环评	好评	虎皮	航拍	攉	嚯
hq	获取	换取	回去	后期	后勤	行情	好奇	很强	好强	华侨
hr	忽然	何如	后人	后任	红人	黑人	坏人	害人	欢	酆
hs	黄色	红色	黑色	核算	恨死	活塞	涣散	咳	嗨	哈
ht	合同	话题	后台	伙同	滑头	回头	糊涂	会谈	黑	嘿
hu	会晤	宏伟	货物	海外	户外	捍卫	呼	乎	烀	忽
hv	好处	核查	谎称	喝茶	何处	划船	坏处	火车	会场	换乘
hw	还是	合适	忽视	很少	好事	坏事	核实	喝水	获胜	躺
hx	互相	好像	或许	和谐	核心	混淆	很凶	含蓄	化学	缓刑
hy	或者	后者	号召	核准	慌张	狠抓	厚重	化妆	亨	哼
hz	合作	孩子	汉字	汉族	火灾	喝醉	黑子	海藻	汇总	悔罪
ia	一案	议案	要案	阴暗	沿岸	延安	友爱	呀	鸭	压
ib	一边	一般	以便	英镑	摇摆	医保	隐蔽	邀	腰	幺
ic	因此	一次	依次	野菜	野草	烟草	隐藏	宜	怡	咦
id	一定	应当	优点	赢得	印度	喑电	异地	应得	医德	一旦
ie	因而	亚欧	婴儿	英俄	诱饵	有恩	印俄	印欧	耶	掖
if	乙方	用法	依法	引发	研发	应付	艳福	依附	亚非	
ig	应该	有关	严格	勇敢	用功	英国	阳光	壅	雍	拥
ih	以后	拥护	遗憾	疑惑	银行	养护	淫秽	鄂	烟	焉
ii	应用	一样	意义	拥有	友谊	营养	又要	游泳	演绎	医药
ij	已经	研究	意见	依据	永久	眼睛	眼镜	应急	严禁	严谨
ik	依靠	遥控	严酷	游客	夜空	眼看	鞅	央	殃	秧
il	以来	议论	忧虑	有利	压力	医疗	依赖	亿	亦	逸
im	阴谋	隐瞒	以免	优美	严密	阴霾	仰慕	银幕	英美	勇猛
in	以内	业内	疑难	养女	殷	荫	因	阴	茵	音
io	由于	永远	遥远	优越	用于	医院	业余	英语	谚语	囿于

续表

常用词字母＼序位	1	2	3	4	5	6	7	8	9	0
ip	鹰派	诱骗	样品	压迫	赝品	银牌	影片	应聘	用品	
iq	要求	一切	一起	引起	引擎	邀请	宴请	以前	有权	延期
ir	有人	用人	依然	引入	涌入	羊肉	炎热	俨然	萦绕	游人
is	因素	意思	严肃	颜色	庸俗	隐私	移送	要素	银色	有损
it	用途	沿途	液体	液态	议题	一条	依托	意图	摇头	阳台
iu	因为	业务	以外	以为	延误	疑问	以往	意外	英文	游玩
iv	严惩	遗产	养成	延长	遗传	应酬	有偿	已	以	乙
iw	有时	优势	以上	要事	有事	掩饰	用手	优	忧	哟
ix	一些	影响	有些	也许	以下	邮箱	营销	有效	英雄	印象
iy	严重	一种	依照	研制	优质	亚洲	一直	应	英	鹰
iz	营造	用作	有罪	引资	蚁族	验资	演奏	硬座	悠哉	遗赠
ja	骄傲	结案	煎熬	积案	节哀	紧挨	敬爱	教案	将按	江岸
jb	基本	具备	进步	加班	兼并	竞标	举办	级别	举报	击毙
jc	几次	基层	决策	精彩	紧凑	及	集	吉	级	急
jd	决定	简单	阶段	军队	见到	降低	均	军	君	钧
je	金额	饥饿	进而	巨额	经	京	晶	荆	精	
jf	甲方	警方	纠纷	降幅	经费	姐夫	拒付	皆	阶	接
jg	经过	结果	尽管	机构	结构	讲稿	籍贯	建国	几个	见过
jh	计划	结合	将会	机会	讲话	教会	聚会	娟	鹃	捐
ji	具有	经验	建议	检验	就业	经营	既要	记忆	酒宴	敬业
jj	解决	经济	积极	究竟	坚决	加剧	将近	将	姜	江
jk	加快	尽快	健康	均可	艰苦	讲课	捐款	冏	坰	囧
jl	将来	建立	交流	经理	拘留	既	计	继	季	冀
jm	局面	见面	寂寞	家门	斤	今	金	津	巾	禁
jn	今年	几年	艰难	纪念	技能	就能	家	佳	嘉	加
jo	教育	给予	机遇	节约	禁运	驾驭	鉴于	居	拘	驹
jp	精品	紧迫	奖牌	奖品	窘迫	键盘	机票	仅凭	就凭	精辟
jq	加强	健全	减轻	技巧	坚强	进去	捐钱	纠	鸠	揪
jr	竟然	既然	假如	金融	进入	居然	救人	就任	撅	噘

续表

常用词字母＼序位	1	2	3	4	5	6	7	8	9	0
js	计算	就算	决算	决赛	竞赛	急速	紧缩	江苏	禁赛	解散
jt	今天	具体	集体	解体	交通	家庭	警惕	吉他	几天	警探
ju	几位	觉悟	降温	今晚	军委	教委	纪委	结尾	境外	键位
jv	基础	经常	坚持	检查	警察	杰出	接触	纪	挤	己
jw	即使	建设	精神	减少	结束	解释	技术	谨慎	接受	介绍
jx	进行	继续	就像	教训	决心	举行	交	焦	姣	娇
jy	竞争	局长	禁止	精准	紧张	机制	集中	价值	几种	举证
jz	叫做	记载	建造	救灾	捐赠	兼	间	坚	菅	尖
ka	可爱	酷爱	口岸	靠岸	抗癌	魁岸	狂骜	咖	喀	咔
kb	恐怖	开办	看吧	靠边	空白	靠背	拷贝	捆绑	矿办	尻
kc	口才	快餐	库存	勘测	开采	可曾	壳	咳	颏	殼
kd	肯定	看到	扩大	看待	款待	宽大	砍刀	垦	锟	坤
ke	困厄	空额	款额	开恩						
kf	克服	开发	看法	开放	可否	空防	控方	客房	客服	夸
kg	客观	可观	跨国	矿工	跨过	控股	控告	空	崆	箜
kh	开会	考核	客户	恐吓	可恨	狂欢	宽厚	卡号	刊	勘
ki	可以	考验	科研	快要	开业	考研	抗议	扣押	匡	筐
kj	科技	可见	看见	空间	框架	靠近	跨境	恐惧	亏	盔
kk	可靠	苛刻	慷慨	坎坷	看客	刻苦	旷课	康	慷	糠
kl	考虑	看来	可怜	快乐	快来	苦力	抗力	课	克	氪
km	开幕	开门	科目	科贸	抠门儿	昆明	快慢	楷模	矿脉	苦闷
kn	可能	困难	苦恼	苦难	矿难	空难	哭闹	狂怒	考能	夸你
ko	跨越	客运	课余	宽裕	科员	空运	客源	开源	苦于	口语
kp	恐怕	可怕	开辟	开盘	靠谱	卡片	考评	控盘	诓骗	坑骗
kq	况且	空气	考勤	恳请	恳求	考取	空前	看清	快去	开枪
kr	客人	困扰	宽容	酷热	跨入	坑人	扣肉	狂热	狂人	宽
ks	快速	扩散	亏损	宽松	控诉	抗诉	看似	馈送	开	铜
kt	开庭	课题	课堂	开通	口头	卡通	考题	垮台	剀	劻
ku	可恶	看望	渴望	课外	魁梧	魁伟	哭	枯	圐	矻

续表

常用字母 / 词 / 序位	1	2	3	4	5	6	7	8	9	0
kv	可耻	开创	看出	开除	考察	矿产	扩充	渴	坷	轲
kw	可是	开始	考试	开设	科室	看守	抠	扢	眍	昫
kx	科学	恐袭	空袭	可行	可信	空虚	款项	考学	宽限	开学
ky	开展	控制	苦衷	扩展	扩张	考证	看准	抗震	夸张	坑
kz	看作	抗灾	夸赞	快走	馈赠	控罪	扩增	枯燥	裤子	狂躁
la	立案	两岸	恋爱	离岸	怜爱	冷傲	另案	啦	拉	垃
lb	来宾	类别	狼狈	领班	路边	老板	轮班	里边	利弊	捞
lc	两次	屡次	理财	良策	楼层	理睬	历次	来此	绿草	兰草
ld	领导	来到	劳动	垄断	掠夺	伦敦	懒惰	绿灯	漏洞	抡
le	老二	莲藕	聋儿	联俄	隆恩					
lf	来访	立法	立方	浪费	楼房	雷锋	礼服	冷风	轮番	唎
lg	两国	两个	牢固	乐观	来过	亮光	泪光	路过	留给	流感
lh	良好	利害	落后	联合	离婚	绿化	来回	灵活	灵魂	蓝
li	利用	利益	理由	来由	离异	录音	旅游	洛阳	绿叶	哩
lj	了解	立即	理解	历经	离间	历届	列举	冷静	谅解	累计
lk	立刻	离开	领空	冷酷	辽阔	轮廓	旅客	落空	路口	啷
ll	力量	来临	理论	利率	乱伦	伦理	来历	蓝领	冷落	乐
lm	里面	浪漫	流氓	冷漠	路面	林木	楼门	老妈	劳模	拎
ln	老年	两年	来年	理念	留念	罹难	历年	两难	靓女	辽宁
lo	领域	来源	老远	乐园	履约	利于	立于	论语	流域	淋浴
lp	礼品	赖皮	离谱	两旁	两派	楼盘	拉票	领跑	理赔	啰
lq	录取	来气	楼群	力求	乐趣	留情	离去	零钱	林区	熘
lr	例如	利润	两人	列入	恋人	老人	连任	略	掠	铑
ls	类似	绿色	蓝色	勒索	连锁	懒散	利索	吝啬	零散	脸色
lt	聊天	领土	蓝天	论坛	笼统	蓝图	旅途	雷同	联通	嘞
lu	另外	来往	列为	礼物	猎物	论文	沦为	两位	芦苇	撸
lv	立场	凌晨	流程	浪潮	列车	列出	轮船	旅程	路程	露出
lw	落实	临时	历史	历时	老师	老实	来说	论述	联手	喽
lx	联系	连续	理想	类型	领先	录像	履行	老乡	撩	蹽

续表

字母＼序位	1	2	3	4	5	6	7	8	9	0
ly	隆重	两种	理智	力争	立正	论证	劣质	笼罩	离职	棱
lz	来自	立足	老总	老早	老子	卵子	乱子	临走	劳作	烂醉
ma	母爱	命案	默哀	忙啊	明暗	妈	吗	嘛	摩	抹
mb	目标	明白	弥补	麻痹	民办	没变	瞒报	毛病	蒙蔽	猫
mc	每次	没错	摩擦	磨蹭	盲从	买菜	名次	名词	模	谟
md	目的	矛盾	面对	每当	密度	买单	没到	满地	名单	免得
me	美欧	名额	面额	满额	美俄	木耳	木偶	摩尔	密尔	麦蛾
mf	麻烦	模范	美方	免费	模仿	冒犯	民愤	买房	卖房	咩
mg	美国	每个	美观	民工	蛮干	曼谷	盟国	蒙古	敏感	玫瑰
mh	美好	美化	模糊	描绘	幕后	蛮横	谋害	谋划	迷惑	嫚
mi	没有	满意	美意	美英	贸易	漫游	蔓延	没用	眯	咪
mj	面积	秘诀	迈进	妙计	民间	墨镜	民警	敏捷	媒介	募捐
mk	模块	门口	没空	面孔	铭刻	魔窟	门槛	没看	煤矿	忙
ml	面临	美丽	勉励	命令	目录	谬论	迷恋	每辆	莫	墨
mm	秘密	美满	美梦	密码	买卖	麻木	冒昧	慢慢	茂名	盲目
mn	每年	明年	模拟	美女	母女	猫腻	磨难	卖弄	没能	们
mo	美元	每月	名誉	命运	满员	埋怨	美誉	冒雨	忙于	免于
mp	名牌	门票	买票	每批	门牌	名片	冒牌	蒙骗	没谱	苗圃
mq	目前	面前	明确	勉强	母亲	默契	密切	盲区	民企	谋求
mr	每人	每日	美日	敏锐	默认	骂人	贸然	迷人	没人	明日
ms	摸索	慢速	面色	暮色	门锁	谋私	貌似	美色	媚俗	谋算
mt	每天	明天	媒体	面谈	面条	免谈	买通	煤炭	矛头	命题
mu	每位	每晚	灭亡	美味	门卫	谬误	没完	末尾	迷雾	名望
mv	名称	冒充	免除	漫长	亩产	牧场	买车	门窗	冒出	抹
mw	马上	没事	秘书	没收	蒙受	谋杀	面试	蔑视	民事	哞
mx	明显	某些	迷信	梦想	面向	明星	冒险	默许	描写	喵
my	民主	民政	民众	某种	每种	蒙中	美洲	明智	免职	蒙
mz	满足	满族	民族	名字	麻醉	蟊贼	帽子	蒙族	埋葬	慢走
na	溺爱	南岸	哪啊	难熬	你啊	呐	那	哪	南	

常用词字母 ＼ 序位	1	2	3	4	5	6	7	8	9	0
nb	内部	难办	那边	难保	哪边	南部	女兵	宁波	年报	孬
nc	农村	那次	哪次	内存	弄错	女厕	匿藏	奴才	哪	那
nd	年代	难道	难度	年底	年度	浓度	拿到	脑袋	虐待	纽带
ne	女儿	南欧	男儿	逆耳	淖尔	聂耳				
nf	能否	奶粉	南方	懦夫	那份	闹翻	男方	女方	南非	捏
ng	能够	难过	难怪	难关	那个	哪个	女工	内阁	内功	凝固
nh	您好	你好	内涵	内行	浓厚	女孩	男孩	弄好	农行	囡
ni	农业	那样	诺言	难以	内因	哪有	挪用	女友	年幼	妮
nj	宁静	逆境	那将	凝结	凝聚	脑筋	南极	年检	年仅	年纪
nk	难堪	难看	宁可	宁肯	囊括	拿开	挪开	内科	鸟瞰	嚷
nl	努力	能力	年龄	能量	那里	哪里	拿来	脑力	耐力	讷
nm	你们	那么	农民	难免	内幕	纳闷	农忙	难民	匿名	内蒙
nn	男女	哪能	恼怒	那年	年内	拿捏	难耐	能耐	牛奶	奶奶
no	能源	宁愿	纽约	浓郁	年月	难于	内蕴	鸟羽	鲇鱼	鸟语
np	哪怕	那篇	那片	涅槃	弄破	男排	女排	牛皮	牛排	暖瓶
nq	年轻	年前	拿起	内情	拿去	弄清	泥鳅	扭曲	暖气	妞
nr	内容	懦弱	女人	男人	牛肉	纳入	恼人	嗫嚅	难忍	耐热
ns	浓缩	弄死	南宋	溺死	女色	怒色	凝思	碾碎	宁死	年岁
nt	难题	难听	那天	那套	农田	哪天	难逃	男童	泥土	内退
nu	难忘	内外	哪位	那位	浓雾	女王	南纬	挪威	鸟窝	凝望
nv	年初	年产	拿出	难处	农场	浓茶	弄成	难缠	逆差	酿成
nw	那时	那是	难说	难受	女生	女士	女式	男生	闹事	纳税
nx	那些	哪些	内心	内需	年薪	拿下	耐心	逆行	女性	男性
ny	那种	乃至	内政	内战	年终	拿着	女装	难找	逆转	扭转
nz	女子	男子	拿走	内在	内资	酿造	捏造	弄脏	撵走	蔫
oa	预案	冤案	原案	云安	远安	云霭				
ob	预备	阅兵	渊博	原本	原版	愚笨	月饼	援兵	远比	院部
oc	预测	蕴藏	鱼刺	与此	云层	余	俞	瑜	鱼	渝
od	运动	遇到	月底	约定	原定	远大	元旦	约旦	愚钝	晕倒

续表

常用字母 \ 序位 词	1	2	3	4	5	6	7	8	9	0
oe	余额	鱼饵	悦耳	援俄	月娥	约	日	褰	甲	約
of	月份	预防	与否	远方	运费	迂腐	缘分	远非	远赴	孕妇
og	原告	预告	预感	越过	越轨	员工	约稿	月光	缘故	晕高
oh	与会	遇害	约会	怨恨	远海	远航	冤	渊	鸳	鸢
oi	原因	愿意	运用	运营	约有	越野	予以	云烟	岳阳	原样
oj	预计	遇见	预见	约见	远景	越加	原籍	远见	预警	原件
ok	愉快	余款	月刊	越快	远看	圆孔	远客			
ol	舆论	原来	原理	原料	预料	欲	玉	毓	聿	煜
om	圆满	预谋	愚昧	域名	月末	玉米	郁闷	羽毛	裕民	原貌
on	遇难	云南	越南	月内	酝酿	允诺	晕	氲	缊	煴
oo	逾越	愉悦	孕育	预约	源于	远远	圆圆	元月	越狱	渊源
op	原判	月票	约聘	乐谱	圆盘	原配				
oq	预期	逾期	运气	园区	源泉	元气	约请	月球	冤屈	冤情
or	与人	鱼肉	余热	猿人	渔人	余人	跃然	圆润	羽绒	
os	预算	预赛	运送	雨伞	运算	月色	元素	原诉	院所	
ot	源头	鱼塘	远途	雨天	月坛	乐团	远眺	云梯	云团	云头
ou	愿望	欲望	语委	冤枉	约为	越位	原文	原委	原物	院外
ov	远程	愚蠢	远处	原创	原处	予	禹	宇	雨	羽
ow	于是	约束	运输	遇上	原始	瘀伤	元首	援手	远山	陨石
ox	允许	运行	预先	原先	月薪	元凶	元勋	瘀血	越想	院校
oy	援助	运转	约占	预知	余震	乐章	原装	园长	圆柱	院长
oz	原则	运作	原子	源自	运载	月租	远在	远走	院子	
pa	平安	破案	拍案	偏爱	判案	皮袄	趴	葩	啪	芭
pb	普遍	旁边	配备	陪伴	跑步	瀑布	批捕	派兵	赔本	抛
pc	评测	拼凑	碰瓷	仆从	配餐	批次	破财	婆	酆	繁
pd	判断	平等	碰到	排队	攀登	庞大	铺垫	浦东	平淡	偏低
pe	配偶	票额	配额	乒	娉	傅	粤	湾	砵	聯
pf	佩服	批复	频繁	排放	篇幅	平凡	批发	票房	评分	气
pg	评估	品格	旁观	破格	偏高	批改	排骨	派给	苹果	骗供

常用词 字母 \ 序位	1	2	3	4	5	6	7	8	9	0
ph	配合	破坏	平衡	彷徨	破获	徘徊	陪护	潘	攀	番
pi	培养	朋友	便宜	聘用	平庸	碰硬	拼音	飘扬	批	铍
pj	平均	评价	判决	平静	凭借	普及	嫖妓	票据	偏见	骗局
pk	贫困	抛开	赔款	片刻	跑开	普快	票款	凭空	乓	滂
pl	评论	披露	漂亮	排列	频率	疲劳	评理	破例	破	迫
pm	片面	拼命	排名	泡沫	碰面	媲美	破灭	拍卖	拼	拚
pn	贫农	叛逆	泡妞	婆娘	皮囊	陪你	凭你	骗你	谝能	喷
po	平原	培育	偏远	评语	评阅	番禺	批语	批阅	迫于	派员
pp	批评	品牌	批判	偏僻	判赔	匹配	频频	陪陪	评判	偏偏
pq	迫切	聘请	抛弃	碰巧	贫穷	撇弃	脾气	派遣	剽窃	骗取
pr	譬如	骗人	平日	聘任	旁人	盘绕	疲软	烹饪	胖人	派人
ps	朴素	破碎	破损	派送	菩萨	配送	盘算	陪送	怕死	拍
pt	普通	陪同	配套	平台	葡萄	碰头	旁听	平坦	呸	醅
pu	盼望	评为	平稳	品味	评委	聘为	排污	骗我	扑	铺
pv	排除	排斥	平常	赔偿	判处	刨除	破产	排查	嫖娼	叵
pw	批示	平时	怕事	爬山	陪审	攀升	抛售	评审	碰上	剖
px	培训	判刑	排序	品行	谱写	盘旋	排泄	普选	评选	飘
py	批准	品质	配置	品种	破绽	陪着	牌照	凭证	嘭	砰
pz	牌子	骗子	赔罪	陪葬	贫嘴	撇嘴	骗走	篇	偏	翩
qa	亲爱	奇案	全案	亲啊	求爱	情爱	请安	迁安	欠安	窃案
qb	全部	区别	确保	起步	前边	情报	铅笔	清白	全班	亲笔
qc	其次	切磋	情操	起草	青草	器材	齐	琪	奇	琦
qd	强调	确定	取得	强大	取代	情敌	启迪	求得	签订	遒
qe	全额	前额	企鹅	亲俄	群殴	清	青	卿	轻	倾
qf	缺乏	侵犯	区分	气氛	屈服	勤奋	群发	情妇	情夫	切
qg	全国	奇怪	强国	去过	情感	乞丐	轻轨	权贵	劝告	驱赶
qh	前后	强化	全会	庆贺	侵害	浅海	圈	悛	鄞	桊
qi	企业	情谊	权益	轻易	歉意	惬意	汽油	亲友	亲眼	强硬
qj	前进	奇迹	情节	全局	情景	前景	抢劫	请将	枪	锵

续表

常用字母＼序位词	1	2	3	4	5	6	7	8	9	0
qk	情况	请客	顷刻	取款	穷苦	亲口	缺口	勤快	前科	期刊
ql	权利	权力	起来	强烈	清理	情理	潜力	气	契	弃
qm	全面	前面	起码	巧妙	全民	清明	亲密	亲	侵	钦
qn	去年	全年	请你	求你	青年	全能	岂能	掐	葜	柯
qo	其余	签约	起源	情愿	全员	区域	区	屈	蛆	趋
qp	强迫	欺骗	气派	前排	全盘	棋盘	清贫	期盼	钦佩	企盼
qq	确切	全球	请求	亲切	侵权	恰恰	求情	秋	邱	丘
qr	确认	谦让	亲人	情人	屈辱	强忍	强人	欺辱	缺	炔
qs	起诉	轻松	倾诉	清算	清扫	缺损	全速	掐死	球赛	起色
qt	其他	前提	群体	全体	企图	窃听	圈套	全天	躯体	秋天
qu	请问	气温	权威	千万	轻微	欺侮	期望	切勿	劝慰	气味
qv	清楚	清除	青春	汽车	全程	启程	起	启	岂	企
qw	切实	其实	缺少	确实	趋势	全是	全身	劝说	亲属	轻伤
qx	取消	倾向	权限	全县	情形	抢险	抢先	敲	锹	劁
qy	其中	群众	强制	前者	庆祝	欺诈	确诊	侵占	驱逐	求助
qz	谴责	潜在	起早	签字	取走	全责	千	谦	骞	签
ra	热爱	仁爱								
rb	日本	日报	让步	肉饼	仍不	若不	染病	日班	如不	乳白
rc	如此	人才	仁慈	认错	容错	人次	揉搓			
rd	弱点	认定	热点	绕道	惹得	热带	扔掉	嚷道	偌大	瑞典
re	然而	日俄	软腭	入耳						
rf	若非	日方	润肺	热风	热敷	燃放	染发	人犯	如风	
rg	如果	若干	让给	人格	人工	扔给	日光	日工	认购	绕过
rh	任何	如何	然后	荣获	仍会	润滑	惹祸	热乎	日后	柔和
ri	容易	任意	日夜	仍有	若要	荣耀	燃油	仁义	任由	如意
rj	软件	如今	仍旧	人均	人间	仍将	日记	人家	锐减	软禁
rk	人口	认可	让开	绕开	仍可	任课	嚷			
rl	热烈	人类	燃料	扰乱	人力	熔炉	容量	容留	让利	日
rm	人民	人们	日美	任命	人名	任免	热门	容貌	人命	人脉

续表

常用词字母＼序位	1	2	3	4	5	6	7	8	9	0
rn	热闹	容纳	忍耐	热能	人脑	如能	若能	惹恼	惹怒	仍能
ro	人员	荣誉	如愿	日语	日元	日月	绕远	冗员	让与	如约
rp	任凭	人品	乳品	肉票	肉铺	肉皮	肉片	肉排		
rq	日前	热情	认清	融洽	日趋	人情	人权	人群	如期	锐气
rr	仍然	容忍	如若	荣辱	柔软	忍让	软弱	揉揉	忍忍	嚷嚷
rs	润色	染色	弱酸	乳酸	揉碎	肉松	肉色			
rt	如同	认同	如图	入庭	热土	忍痛	热天	融通	人体	肉体
ru	认为	任务	人物	人为	仍未	绕弯	让我	软卧	入伍	入围
rv	日常	让出	热忱	人称	入场	热茶	融成	攘除	认出	日出
rw	认识	人数	燃烧	人生	人事	瑞士	热水	饶恕	忍受	如实
rx	如下	热线	热心	荣幸	弱项	绕行	容许	任性	忍心	弱小
ry	认真	认准	认知	认证	任职	人质	人证	弱智	睿智	扔
rz	融资	入资	认罪	人造	绕嘴	冗杂	仍在	让座	日增	软座
sa	诉案	所爱	撒	仨	搡	礤				
sb	随便	送别	散布	散步	搜捕	塞北	死板	骚	搔	臊
sc	素材	色彩	私藏	思忖	酸菜	三次	四次	随从	酥脆	松脆
sd	速度	送到	缩短	送达	速递	锁定	苏丹	色调	孙	狲
se	苏俄	丧偶								
sf	司法	三方	散发	算法	缩放	随风				
sg	送给	算过	色鬼	三高	搜刮	三国	松	嵩	凇	淞
sh	损害	损坏	似乎	随后	散会	撒谎	扫黄	送回	三	叁
si	所以	所有	随意	怂恿	索要	私营	森严	缩影	索引	虽有
sj	随即	所见	搜集	缩减	速记	算计	搜救	赛季	虽	荽
sk	思考	散开	松开	送客	松口	诉苦	松快	撒开	桑	丧
sl	森林	缩略	思路	私立	耸立	散乱	速录	四	似	肆
sm	扫描	赛马	丧命	四面	洒满	嗓门	算命	素描	肃穆	死命
sn	肆虐	思念	所能	桑拿	酸奶	孙女	蒜泥	送你	死难	森
so	岁月	遂愿	私欲	三月	四月	随缘	酸雨	俗语	夙愿	死于
sp	索赔	赛跑	碎片	三陪	算盘	尿脬	撕票	所迫	缩	唆

常用词字母 \ 序位	1	2	3	4	5	6	7	8	9	0
sq	私企	索取	色情	赛前	诉求	送去	算清	赛区	赛球	俗气
sr	虽然	骚扰	私人	送人	松软	散热	僧人	酸软	酸	狻
ss	思索	搜索	诉讼	松散	色素	撕碎	算算	嫂嫂	扫扫	腮
st	随同	酸痛	洒脱	酸甜	私吞	松土	锁头	酸疼	算题	赛艇
su	所谓	死亡	思维	三维	斯文	扫尾	散文	苏	酥	稣
sv	思潮	松弛	赛场	四处	搜查	宋朝	扫除	送出	撕扯	死
sw	损失	随时	丧生	丧失	虽说	算术	艘	镂	搜	嗖
sx	思想	松懈	缩小	索性	散心	所需	随行	遂心	苏醒	死刑
sy	随着	素质	苏州	诉状	所长	算账	死者	酸值	随之	僧
sz	塑造	私自	所在	死罪	酸枣	色泽	送走	嗓子	算作	嫂子
ta	提案	疼爱	图案	投案	同案	太暗	它	塌		铊
tb	特别	逃避	坦白	同步	掏	涛	煮	韬	弢	滔
tc	题材	天才	特此	探测	套餐	贪财	推辞	台词	跳槽	推测
td	态度	特点	推动	提到	听到	谈到	团队	替代	太多	吞
te	天鹅	调额	痛殴	胎儿	天恩	听	厅	汀	町	烃
tf	推翻	探访	逃犯	投放	天赋	颓废	退房	贴	帖	萜
tg	通过	提高	提供	推广	抬高	透过	贪官	谈过	通	嗵
th	谈话	体会	替换	讨好	挺好	团伙	庭后	弹劾	袒护	贪
ti	同意	统一	同样	特意	太阳	体验	踢	锑	梯	剔
tj	条件	推进	提交	统计	天津	投机	调解	听见	推	忒
tk	痛苦	痛快	调控	条款	坦克	特困	停课	汤	趟	嘡
tl	脱离	讨论	条例	谈论	韬略	逃离	铁路	贪婪	特	铽
tm	他们	她们	透明	太忙	题目	同盟	同谋	提名	图谋	头目
tn	头脑	同年	童年	逃难	逃匿	体能	体内	鸵鸟	太难	天哪
to	体育	条约	太远	投缘	贪欲	特约	托运	椭圆	团员	偷运
tp	谈判	突破	太平	投票	脱贫	捅破	逃跑	脱	托	拖
tq	提前	提起	提取	听取	同情	天气	庭前	拖欠	推敲	偷窃
tr	突然	倘若	投入	坦然	天然	通融	退让	土壤	湍	
ts	特色	探索	通俗	投诉	提速	退缩	颓丧	挑唆	胎	苔

续表

常用词字母＼序位	1	2	3	4	5	6	7	8	9	0
tt	退庭	探讨	淘汰	团体	疼痛	贪图	天天	统统	太太	听听
tu	提问	台湾	团委	体委	探望	跳舞	谈完	秃	凸	突
tv	提出	提倡	通常	突出	统筹	坦诚	推迟	退出	投产	推出
tw	同时	特殊	庭审	提升	态势	同事	坦率	提示	妥善	偷
tx	同学	体现	推行	提醒	弹性	退休	天性	体系	停下	挑
ty	同志	调整	体制	特征	统治	拓展	挑战	停止	庭长	烔
tz	投资	陶醉	提走	逃走	偷走	帖子	退赃	提早	天	添
ua	晚安	文案	无碍	万安	文安	瓮安	挖	哇	洼	娲
ub	务必	稳步	完毕	外表	外部	外宾	外币	外边	外包	微博
uc	为此	窝藏	午餐	晚餐	未曾	吴	无	吾	毋	唔
ud	稳定	温度	外地	网点	我党	完蛋	伟大	晚点	晚到	唯独
ue	巍峨	玩偶	万恶	忘恩	我饿	窝	蹊	喔	涡	噢
uf	无法	违法	违反	晚饭	往返	午饭	万分	王法	枉费	网费
ug	我国	外国	顽固	外观	完工	诬告	污垢	网购	文稿	围攻
uh	文化	维护	挽回	晚会	危害	往后	弯	湾	剜	蜿
ui	唯一	无疑	网页	网友	文艺	外因	万一	万亿	午夜	晚宴
uj	外交	外界	文件	忘记	危急	我军	武警	物价	挽救	晚间
uk	顽抗	唯恐	挖苦	外壳	文科	外科	汪	尪	厘	疌
ul	为了	无论	未来	网络	威力	紊乱	勿	务	雾	物
um	我们	文明	诬蔑	外贸	完美	雾霾	外面	玩命	网民	文秘
un	未能	万能	无能	无奈	往年	温暖	温	瘟	鳁	瑥
uo	委员	万元	外语	乌云	无语	文员	无缘	外援	婉约	违约
up	文凭	物品	外派	顽皮	卧铺	外聘	玩牌	王牌	委派	委培
uq	完全	顽强	外企	武器	误区	委屈	无穷	无情	歪曲	忘却
ur	围绕	污染	宛如	温柔	侮辱	外人	微软	往日	为人	委任
us	无私	网速	未遂	物色	外孙	尾随	瓦斯	歪	呙	喎
ut	问题	舞台	妄图	委托	稳妥	无题	巍	薇	威	危
uu	慰问	往往	忘我	文物	无谓	玩完	万物	委婉	文武	维稳
uv	完成	无偿	无耻	往常	维持	围场	五	武	伍	午

续表

常用词字母 \ 序位	1	2	3	4	5	6	7	8	9	0
uw	完善	无数	晚上	往上	旺盛	污水	外商	完事	往事	为首
ux	危险	无限	威胁	猥亵	微信	玩笑	妄想	诬陷	外泄	维修
uy	完整	网址	网站	外债	武装	位置	为止	翁	嗡	鹟
uz	物资	文字	外在	外资	无罪	蚊子	稳坐	问罪	问责	伪造
va	查案	撤案	长安	宠爱	吵啊	插	叉	捺	喳	嚓
vb	差别	初步	成本	查办	超标	承办	惩办	筹备	超	抄
vc	差错	出错	初次	车次	冲刺	唱词	迟	池	持	篪
vd	程度	彻底	差点	承担	长度	尺度	迟到	冲动	场地	春
ve	超额	差额	丑恶	除恶	宠儿	嫦娥	初二	车	伡	砗
vf	充分	重复	除非	惩罚	成分	处罚	吃饭	嘲讽	出发	欻
vg	超过	成功	成果	常规	出国	出轨	唱歌	充	冲	春
vh	查获	掺和	偿还	创汇	场合	闯祸	传唤	绰号	掺	搀
vi	产业	创业	常用	持有	倡议	差异	诚意	处以	创意	窗
vj	差距	成绩	成就	常见	春季	持久	察觉	春节	纯洁	吹
vk	出口	诚恳	程控	察看	敞开	乘客	猖狂	传开	昌	锠
vl	处理	出来	成立	产量	潮流	车辆	传来	赤	斥	勅
vm	场面	沉默	充满	出面	阐明	查明	传媒	触摸	筹码	揣
vn	承诺	吵闹	嘲弄	产能	吹牛	常年	出纳	嗔	琛	抻
vo	处于	出于	成员	长远	超越	查阅	春运	成语	穿越	出院
vp	产品	钞票	车票	成品	冲破	持平	纯朴	车牌	传票	戳
vq	长期	出去	查清	产权	澄清	抽取	超前	纯情	成全	逞强
vr	承认	传染	成人	出入	插入	出任	出让	耻辱	穿	川
vs	出色	场所	处所	传颂	撤诉	处死	吵死	拆	钗	差
vt	传统	出台	冲突	出庭	春天	长途	撤退	畅通	衬托	串通
vu	成为	常委	称为	窗外	传闻	丑闻	除外	沉稳	初	出
vv	长城	常常	处处	超出	出差	查处	铲除	惩处	尺	耻
vw	产生	尝试	陈述	阐述	承受	城市	插手	诚实	成熟	抽
vx	出现	重新	程序	持续	创新	出席	成效	查询	撤销	畅销
vy	沉重	超重	成长	产值	查找	处置	垂直	称	撑	柽

续表

常用字母＼序位	1	2	3	4	5	6	7	8	9	0
vz	创造	充足	掺杂	筹资	创作	超载	炒作	迟早	称赞	趁早
wa	涉案	深奥	申奥	深爱	世奥	杀	沙	纱	砂	刹
wb	失败	设备	识别	上班	势必	顺便	申报	烧	稍	捎
wc	首次	上次	生存	深层	实操	数次	时	石	拾	十
wd	受到	时代	手段	稍等	收到	深度	善待	生动	盛大	试点
we	数额	税额	时而	顺耳	首尔	少儿	首恶	奢	赊	畬
wf	是否	双方	身份	说法	设法	水分	收费	上访	束缚	刷
wg	说过	事故	硕果	上岗	时光	首个	胜过	深感	水果	使馆
wh	社会	时候	生活	说话	深化	山	姍	珊	杉	删
wi	事业	使用	实验	适应	生意	商业	摄影	双	霜	孀
wj	时间	世界	涉及	设计	审计	上级	省级	市级	数据	少将
wk	深刻	时刻	失控	上课	受苦	数控	双开	商	伤	熵
wl	顺利	数量	商量	率领	审理	善良	市	士	事	世
wm	什么	上面	说明	生命	世贸	数码	使命	神秘	声明	摔
wn	首脑	少年	枢纽	室内	受难	少女	熟女	申	深	身
wo	属于	善于	深远	剩余	少于	伤员	市院	审阅	疏远	授予
wp	水平	商品	食品	受骗	审判	生怕	商铺	视频	审批	说
wq	事情	失去	上去	申请	收取	神情	要钱	省钱	深情	授权
wr	深入	输入	胜任	收入	商人	熟人	上任	拴	栓	闩
ws	上诉	输送	伸缩	收缩	时速	食宿	受损	胜诉	申诉	筛
wt	身体	试图	渗透	省厅	势头	商讨	上调	试探	衰退	手头
wu	事物	省委	稍微	失误	首位	身亡	身为	淑	书	叔
wv	市场	生产	商场	奢侈	首创	顺畅	审查	使	史	始
ww	少数	上述	上市	事实	数数	受审	受伤	赏识	税收	收
wx	首先	实现	上学	实行	时效	顺序	生效	涉嫌	审讯	手续
wy	始终	甚至	设置	书证	生长	上涨	慎重	生	升	声
wz	实在	数字	擅自	深造	十足	水灾	赎罪	受灾	受阻	失踪
xa	喜爱	心爱	狭隘	血案	销案	西安	相爱	性爱	西岸	兴安
xb	相比	下班	下边	性别	细胞	雪白	协办	宣布	选拔	想必

常用字母＼序位词	1	2	3	4	5	6	7	8	9	0
xc	下次	幸存	选材	下层	行刺	小草	习	席	袭	橄
xd	许多	想到	行动	现代	相对	兄弟	吸毒	熏	勋	埙
xe	邪恶	西欧	凶恶	限额	小额	谢恩	兴	星	珵	腥
xf	相反	想法	下方	下放	消费	学费	泄愤	刑罚	些	歇
xg	效果	习惯	下岗	相关	修改	性感	虚构	宣告	献给	想过
xh	学会	喜欢	相互	循环	先后	巡回	宣	轩	瑄	嬛
xi	需要	相应	效益	协议	享有	蓄意	血压	选用	向右	学业
xj	先进	下降	现金	选举	细节	刑警	乡	湘	箱	香
xk	辛苦	学科	细看	新款	小康	许可	兄	凶	胸	匈
xl	效率	下列	心理	下令	系列	训练	行李	系	邰	细
xm	下面	姓名	项目	选民	消灭	辛	鑫	心	新	馨
xn	信念	虚拟	性能	新年	戏弄	新娘	瞎	虾	呷	煦
xo	信誉	心愿	幸运	学员	学院	许愿	胥	须	需	嘘
xp	宣判	选票	选聘	行骗	胁迫	相陪	学派	斜坡	选派	新品
xq	需求	下去	限期	心情	兴趣	寻求	小区	刑期	修	羞
xr	形容	信任	显然	削弱	喜人	现任	旭日	薛	靴	削
xs	迅速	相似	习俗	潇洒	逊色	闲散	线索	辛酸	寻思	硝酸
xt	协调	相同	下调	系统	心态	形态	熏陶	协同	夏天	休庭
xu	希望	行为	询问	下午	新闻	县委	雄伟	学问	讯问	纤维
xv	形成	宣传	现场	巡查	下车	下场	洗	喜	玺	禧
xw	形式	形势	现实	先生	协商	显示	学生	销售	宣誓	小时
xx	学习	学校	现象	谢谢	新型	小学	想想	肖	萧	箫
xy	性质	协助	细致	现状	行政	显著	寻找	嚣张	校长	闲置
xz	现在	选择	下载	新增	销赃	西藏	仙	先	鲜	掀
ya	障碍	治安	重案	珍爱	致癌	至爱	查	扎	喳	渣
yb	准备	逐步	转变	政变	照搬	甄别	照办	招	钊	昭
yc	这次	政策	制裁	仲裁	珍藏	证词	直	侄	值	职
yd	重点	制度	知道	重大	找到	针对	招待	制定	主动	谆
ye	中俄	转而	中欧	之二	周二	着	遮	蜇	折	嗻

续表

常用 词 字母 ＼ 序位	1	2	3	4	5	6	7	8	9	0
yf	政府	中方	中法	中非	祝福	执法	住房	振奋	抓	鬏
yg	中国	整个	中共	照顾	珍贵	正轨	中	忠	钟	终
yh	抓好	之后	只好	正好	专横	账号	祝贺	詹	粘	沾
yi	重要	主要	只有	这样	注意	只要	职业	证言	庄	装
yj	直接	专家	证据	着急	整洁	占据	至今	战机	浙江	追
yk	召开	展开	状况	转款	掌控	指控	折扣	张	章	璋
yl	这里	战略	质量	治理	种类	专利	周六	至	智	制
ym	证明	中美	专门	这么	周末	招募	著名	致命	正面	拽
yn	只能	职能	智能	之内	侄女	贞	珍	甄	真	针
yo	终于	至于	制约	住院	祝愿	支援	职员	准予	志愿	卓越
yp	支配	招牌	诈骗	招聘	制品	照片	展品	桌	捉	拙
yq	正确	主权	准确	政权	之前	中秋	战前	正气	挣钱	债权
yr	主人	主任	证人	中日	重任	转让	周日	转入	专	砖
ys	追随	找死	住所	追诉	周三	周四	装蒜	摘	斋	侧
yt	状态	主体	整体	主题	整天	折腾	重托	展厅	侦探	专题
yu	掌握	周围	职务	植物	中文	周五	朱	邾	猪	株
yv	正常	支持	指出	支出	真诚	转产	侦查	指	止	纸
yw	正式	只是	指示	这时	肇事	重视	周	州	舟	粥
yx	这些	执行	政协	重心	哲学	展现	振兴	转型	只想	装修
yy	这种	政治	整治	真正	抓住	郑重	质证	争	征	铮
yz	正在	制造	制作	职责	追踪	准则	站在	住在	振作	著作
za	阻碍	作案	总爱	最爱	做爱	走啊	扎	匝	咋	拶
zb	资本	总部	作弊	走吧	嘴巴	自卑	自保	遭	糟	傮
zc	自从	在此	再次	总裁	早餐	最惨	最次	做错	自此	薂
zd	遭到	做到	最大	最多	最低	自动	走到	尊	遵	樽
ze	罪恶	总额	足额	作恶	择偶	阻遏	左耳	作呕		
zf	做法	增幅	自费	自负	罪犯	走访	造反	造福	尊法	自焚
zg	最高	足够	资格	做过	尊贵	走狗	糟糕	宗	综	鬃
zh	做好	最好	最坏	最后	综合	纵横	醉汉	簪	糌	橄

字母\词\序位	1	2	3	4	5	6	7	8	9	0
zi	作用	怎样	自由	足以	早已	左右	尊严	赞扬	遭殃	造谣
zj	最近	增加	资金	再见	增进	最佳	自己	糟践		朘
zk	最快	赃款	做客	走开	阻抗	载客	自考	脏	赃	臧
zl	资料	总量	总理	阻力	阻拦	自理	走路	责令	自	字
zm	怎么	咱们	灾民	赞美	做梦	责骂	自满	罪名	字幕	字母
zn	灾难	怎能	总能	子女	阻挠	遭难	在内	最难	最牛	造孽
zo	资源	自愿	在于	遭遇	赠予	赞誉	增援	早于	纵欲	藏语
zp	作品	栽培	赞佩	宗派	赠品	左派	糟粕	噪	作	咋
zq	增强	灾区	灾情	早期	足球	遭抢	早起	早去	纵情	暂且
zr	责任	自然	做人	走人	罪人	早日	燥热	纵任	钻	趱
zs	走私	总算	赠送	自诉	再三	赞颂	增速	栽	灾	哉
zt	昨天	总统	赞同	总体	姿态	座谈	赞叹	醉态	钻探	早退
zu	作为	做完	最为	自卫	早晚	最晚	作物	租	菹	
zv	造成	组成	赞成	作出	资产	最初	早晨	子	訾	紫
zw	暂时	总是	做事	遵守	钻石	造势	走势	邹	驺	诹
zx	仔细	走向	咨询	遵循	总想	早些	造型	最小	暂行	增效
zy	增长	组织	最终	总之	尊重	增值	作证	曾	增	憎
zz	在座	在做	早在	最早	自尊	自责	自在	早早	坐坐	做作

三 常用多音字表

常用多音字是指在普通话中出现频率较高的一字有两个以上读音的汉字。将这些多音字汇集起来以相对读音音调组单词和短语的形式对这些多音字进行读写和录入应用，目的是让公安机关的办案民警在掌握速录技能的同时，能够准确使用这些多音字，以便在信息采集中能应对语音信息源的非标准语音。犯罪嫌疑人或当事人在描述事物时如把某些汉字读错了音，录入员必须能够用准确的汉字输入，而不能因错就错。

读音首字母是 A 的多音字

呵 a（是呵）、呵 h（笑呵呵）

阿 a（阿哥．阿曼．阿尔巴尼亚）、阿 e（阿弥陀佛．阿胶．阿谀）

腌 a（腌臜）、腌 ih（腌菜．腌咸菜．腌制食品）

唉 as（唉声叹气）、唉 hs（唉！干什么呢）

嗳 as（嗳！你说什么呢）、嗳 asl（嗳，真可惜）

熬 ab（熬菜）、熬 abc（熬汤．煎熬．熬鸡汤．熬时间）

拗 abl（拗口．拗口令）、拗 nql（执拗．拗不过）

艾 asl（艾蒿．艾滋病）、艾 il（自怨自艾）

读音首字母是 E 的多音字

哦 ec（吟哦）、哦 uel（哦！这么辽阔的草原）

恶 el（恶人．凶恶．恶毒）、恶 ev（恶心）、恶 ul（可恶．厌恶）

读音首字母是 I 的多音字

尾 iv（尾巴．马尾箩）、尾 utv（尾随．尾追．尾气排放）

奄 ih（奄奄一息．奄奄）、奄 ihv（奄然）

殷 ih（殷红）、殷 in（殷实．殷切．殷小姐）

燕 ih（燕山．燕国．燕赵大地）、燕 ihl（燕子．海燕）

鞅 ik（商鞅）、鞅 ikl（牛鞅）

应 iy（应重视．应该．应得）、应 iyl（应用．回应．应声倒下）

要 ib（要求．要挟）、要 ibl（机要．重要．要注意．要协助）

约 ib（约一约．约重量）、约 oe（大约．约旦国）

饮 inl（饮牛．饮羊．饮马）、饮 inv（饮食．饮用．饮水思源）

轧 ial（轧道机．碾轧）、轧 yac（轧钢．轧钢厂）

咽 iel（呜咽）、咽 ih（咽喉．咽炎．咽喉要道）、咽 ihl（吞咽．咽气）

钥 ibl（钥匙．密钥）、钥 oel（钥钩）

疟 ibl（疟子．发疟子）、疟 nrl（疟疾．疟原虫）

芫 ihc（芫荽）、芫 ohc（芫花）

铅 ihc（铅山县）、铅 qz（铅笔．铅锌矿）

柚 iwc（柚木）、柚 iwl（柚子．柚子树）

荥 iyc（荥经县）、荥 xec（荥阳市）

读音首字母是"U"的多音字

为 utc（人为．不可为）、为 utl（为了．为此）

瓦 ual（瓦工．瓦匠）、瓦 uav（砖瓦．瓦房．一砖一瓦）

读音首字母是 O 的多音字

吁 ol（呼吁．吁请）、吁 xo（气喘吁吁）

尉 ol（尉迟）、尉 utl（上尉．中尉）

蔚 ol（蔚县）、蔚 utl（蔚蓝．蔚然．蔚然成风）

晕 on（晕倒．晕头转向．头晕脑胀）、晕 onl（晕车．月晕．日晕）

员 ohc（成员．社员．人员．员工）、员 onl（员先生）

媛 ohc（婵媛）、媛 ohl（名媛淑女）

读音首字母是 B 的多音字

卜 b（萝卜）、卜 buv（卜卦）

剥 b（剥离．剥削．剥夺）、剥 bb（剥花生）

伯 bc（伯父．大伯．伯母．伯乐．伯爵）、伯 bsv（大伯子）

柏 bc（柏林）、柏 bsv（柏树．苍松翠柏）

扒 ba（扒皮．扒拉）、扒 pac（扒手）

瘪 bf（瘪三）、瘪 bfv（瘪谷．瘪瘪的）

背 bt（背包．背包袱）、背 btl（后背．背部）

绷 by（绷带．绷紧）、绷 byv（绷脸．绷着脸）

奔 bn（奔跑．飞奔．奔腾．奔流）、奔 bnl（有奔头儿．奔命）

别 bfc（离别．分别．生离死别．别怕）、别 bfl（别扭．别别扭扭）

把 bal（刀把儿．镐把）、把 bav（把持．把握．把事办好）

耙 bal（耙地）、耙 pac（耙子．钉耙）

扁 bzv（扁担．扁圆形．扁豆）、扁 pz（扁舟）

便 bzl（随便．便溺．便失去了方向）、便 pzc（便宜．大腹便便）

屏 bev（屏退．屏除）、屏 pec（荧屏．屏风）

薄 bbc（薄薄的．薄薄一层）、薄 bc（稀薄．薄膜）、薄 bl（薄荷）

泌 bil（泌阳县）、泌 mil（泌尿．泌尿系统）

秘 bil（秘鲁共和国）、秘 mil（秘密．秘书）

臂 bil（臂膀．臂力）、臂 bt（胳臂）

辟 bil（复辟）、辟 pil（开辟．辟谣．鞭辟入里）

刨 bbl（刨花．刨子．刨花板厂）、刨 pbc（刨除．刨根儿．刨根问底）

瀑 bbl（瀑河）、瀑 pul（瀑布）

曝 bbl（曝光）、曝 pul（曝晒）

膀 bkv（肩膀．膀臂）、膀 pk（膀肿）、膀 pkc（膀胱）

堡 bbv（碉堡．堡垒）、堡 buv（吴堡．柴家堡．瓦窑堡）、堡 pul（七里堡．十里堡）

蚌 bkl（鹬蚌相争．蚌病生珠）、蚌 byl（蚌埠市）

磅 bkl（磅秤．过磅）、磅 pkc（磅礴．气势磅礴）

埔 bul（埔县）、埔 puv（柬埔寨）

不 buc（不对．不是．不让．不怕．不大）、不 bul（不能．不好．不成．不小）

读音首字母是 P 的多音字

朴 p（朴刀）、朴 puv（朴素．简朴）、朴 pxc（朴先生．朴女士）

迫 pl（压迫．被迫．迫不得已）、迫 psv（迫击炮）

仆 pu（前仆后继）、仆 puc（仆人．奴仆）

铺 pu（铺盖．铺盖卷．平铺直叙）、铺 pul（店铺．商铺）

喷 pn（喷泉．喷雾器．喷洒）、喷 pnl（喷香．喷香喷香的）

片 pz（片子．制片．电影制片厂）、片 pzl（片面．药片．一大片）

泡 pb（泡子．水泡子）、泡 pbl（气泡．泡沫．燎泡）

劈 pi（劈开．刀劈．劈波斩浪）、劈 piv（劈叉．劈开．一劈两半）

澎 py（澎了一身水）、澎 pyc（澎湖列岛）

撇 pf（撇弃．撇开）、撇 pfv（撇嘴．撇在一边．一撇一捺）

漂 px（漂流．漂浮）、漂 pxl（漂亮．漂漂亮亮）、漂 pxv（漂白）

炮 pbc（炮制）、炮 pbl（炮火．炮弹）

读音首字母是 M 的多音字

模 mc（模范．模块．模式）、模 muc（模样儿．模子）

磨 mc（研磨．磨练．折磨）、磨 ml（石磨．磨不开．磨成粉末）

嫚 mh（大嫚．二嫚）、嫚 mhl（嫚侮）

嘛 ma（喇嘛）、嘛 mac（干嘛）

吗 ma（是吗．有问题吗）、吗 mac（干吗）、吗 mav（吗啡）

摩 ma（摩挲）、摩 mc（摩托．观摩）

抹 ma（抹布）、抹 ml（抹不开）、抹 mv（抹子．泥抹子）

万 ml（万俟）、万 uhl（万岁．万人．千千万万）

没 ml（沉没．埋没．没落）、没 mtc（没脸．没事．没完没了．没大没小）

脉 ml（脉脉含情．脉脉）、脉 msl（脉络．号脉．一脉相承）

眯 mi（眯缝．眯缝着眼睛）、眯 mic（眯眼）

闷 mn（闷气．闷热．闷得慌）、闷 mnl（纳闷儿．闷闷不乐．闷雷）

蒙 my（蒙人．蒙头转向）、蒙 myc（蒙蔽．启蒙．启蒙教育）、蒙 myv（蒙古．蒙古族）

蚂 mal（蚂蚱）、蚂 mav（蚂蟥．蚂蚁．蚂蜂）

氓 mkc（流氓）、氓 myc（氓獠户歌）

埋 mhc（埋怨）、埋 msc（埋没．埋葬．掩埋．埋头苦干）

蔓 mhc（蔓菁）、蔓 mhl（蔓草．蔓延．不蔓不枝）、蔓 uhl（瓜蔓．蔓儿）

缪 mwc（绸缪．缪种相承．未雨绸缪）、缪 mxl（缪大妈）

糜 mic（糜烂．糜夫人）、糜 mtc（糜子）

靡 mic（靡费．奢靡）、靡 miv（风靡．风靡一时．披靡．所向披靡）

读音首字母是 F 的多音字

佛 fc（仿佛）、佛 fuc（佛祖．阿弥陀佛）

发 fa（发展．发言．开发）、发 fal（理发．头发）

番 fh（番茄．三番两次）、番 ph（番禺市）

菲 ft（菲律宾）、菲 ftv（菲薄．不菲）

坊 fk（作坊．街坊）、坊 fkc（染坊．油坊）

分 fn（分析．分明．分子）、分 fnl（成分．过分）

服 fuc（服务．服服帖帖．服装）、服 ful（一服药．几服药）

脯 fuv（果脯）、脯 puc（胸脯）

否 fwv（否则．是否．否认）、否 piv（否极泰来）

房 fkc（房产．房屋．病房）、房 pkc（阿房宫）

缝 fyc（缝补．缝缝补补）、缝 fyl（裂缝．缝隙）

读音首字母是 D 的多音字

得 d（好得很．拿得动）、得 dc（得失．得体．怡然自得）、得 dtv（得完成任务．你得听话）

的 d（你的．大家的）、的 dic（的确）、的 dil（目的）

地 d（全面地．认真地）、地 dil（地方．地址．大地）

提 di（提防）、提 tic（提高．提示．提拔）

嘀 di（嘀嗒）、嘀 dic（嘀咕）

瘩 da（疙瘩．疙瘩汤）、瘩 dac（瘩背．瘩背病）

答 da（答应．答理）、答 dac（答复．回答．答题．对答如流）

单 dh（单位．单独．形单影只）、单 vhc（单于）、单 whl（单县）

担 dh（担任．担当．担保）、担 dhl（担子．重担．担担子）

叨 db（叨教）、叨 dbc（叨咕．叨叨咕咕）、叨 tb（念叨．叨念）

当 dk（当代．当然．当兵）、当 dkl（当铺．典当．上当）

钉 de（钉子．钉锤）、钉 del（钉钉子．钉合页．板上钉钉）

待 ds（待会儿．待着）、待 dsl（待遇．招待．等待．待见）

都 du（首都．成都．都市）、都 dw（都是．都不是）

铛 dk（铛铛响）、铛 vy（电饼铛）

大 dal（大地．大事．大大咧咧）、大 dsl（大夫）

打 dac（成打．一打．每打）、打 dav（打击．打架．打打闹闹）

驮 dpl（驮子）、驮 tpc（驮着）

肚 dul（肚子．肚量．肚皮．肚皮舞）、肚 duv（毛肚．肚儿）

囤 ddl（囤子．圆囤）、囤 tdc（囤积．囤聚．囤货．囤粮）

度 dpc（忖度）、度 dul（制度．度过）

洞 dgl（洞口．山洞）、洞 tgc（洪洞县）

斗 dwl（斗争．斗气．打斗）、斗 dwv（一斗．斗笠）

垌 dgl（田垌．麻垌．中垌）、垌 tgc（垌冢）

沓 dac（一沓．两沓子）、沓 tal（杂沓．纷至沓来）

倒 dbl（倒立．倒背如流．倒水）、倒 dbv（倒伏．压倒．倒头便睡）

调 dxl（调查．调离．调虎离山）、调 txc（调解．调整．空调．调戏）

澄 dyl（澄清．澄沙．澄清过滤）、澄 vyc（澄清．澄清事实）

弹 dhl（炮弹．子弹．弹道导弹）、弹 thc（弹指．弹簧）

翟 dic（翟摩帝寺）、翟 ysc（翟大哥）

读音首字母是 T 的多音字

踏 ta（踏实）、踏 tal（踏步．踏青．大踏步）

体 ti（体己）、体 tiv（体制．身体．身强体壮）

苔 ts（舌苔）、苔 tsc（青苔．苔藓．苔藓植物）

挑 tx（挑拣．挑担子．百里挑一）、挑 txv（挑逗．挑拨离间．挑衅）

趟 tk（趟河．趟地）、趟 tkl（赶趟．两趟）

帖 tf（帖耳俯首）、帖 tfv（帖子．请帖）

吐 tul（吐血．上吐下泻）、吐 tuv（谈吐．吐痰）

同 tgc（同志．同心．志同道合）、同 tgl（胡同）

拓 tal（拓片．拓本）、拓 tpl（拓展．开拓．拓荒）

褪 tdl（褪套儿．褪掉．褪裤子）、褪 tjl（褪色．褪毛）

读音首字母是 N 的多音字

呢 n（干吗呢）、呢 nic（呢绒．呢子大衣）

南 na（南无阿弥陀佛）、南 nhc（南方．南欧．西南）

那 na（那先生．那女士）、那 nal（那里．在那）

哪 nav（哪里．哪能．去哪儿）、哪 nc（哪吒）、哪 ntv（哪边．哪本书）

娜 nal（姓李名娜）、娜 npc（婀娜多姿．袅娜）

尿 nxl（撒尿．尿尿）、尿 sj（尿脬）

拧 nec（拧耳朵．拧一拧．拧腮）、拧 nev（拧劲儿．弄拧了．拧成一股绳）

宁 nec（安宁．宁夏．列宁）、宁 nel（宁可．宁死不屈．宁缺毋滥）

泥 nic（泥土．泥泞．泥牛入海）、泥 nil（拘泥．泥古非今．泥古不化）

难 nhc（难度．难受．困难）、难 nhl（遭难．受苦受难．有难）

喏 npl（喏．喏喏）、喏 rev（唱喏）

粘 nzc（粘合．粘度计）、粘 yh（粘连．粘住）

读音首字母是 L 的多音字

了 l（好了．知道了）、了 lxv（知了．了结．不了了之）

乐 ll（乐趣．快乐．乐不可支）、乐 oel（乐队．音乐）

勒 ll（勒令．希特勒）、勒 lt（勒死．勒紧．勒紧裤带）

拉 la（拉动．拖拉．拉美）、拉 lac（拉口．拉开）

搂 lw（搂扳机．搂草打兔子）、搂 lwv（搂抱．搂搂抱抱）

抡 ld（抡刀）、抡 ldc（抡材）

溜 lq（溜冰．溜走．溜滑．溜光．溜边儿）、溜 lql（一溜儿．冰溜儿．随大溜）

咧 lf（大大咧咧．咧咧）、咧 lfv（咧嘴．咧开）

令 lec（令狐）、令 lel（命令．下令．司令）

弄 lgl（里弄）、弄 ngl（弄懂．弄明白）

丽 lic（丽水市）、丽 lil（美丽．靓丽．丽人）

蠡 lic（管窥蠡测）、蠡 liv（蠡县．范蠡）

络 lbl（络子）、络 lpl（络绎不绝．络腮胡子）

唠 lbc（唠叨）、唠 lbl（唠嗑）

馏 lqc（蒸馏水）、馏 lql（馏馒头）

六 lql（六月．周六）、六 lul（六安）

陆 lql（陆千．陆万．陆佰）、陆 lul（陆地．大陆．陆海空）

论 ldc（论语）、论 ldl（议论．谈论）

碌 lql（碌碡）、碌 lul（碌碌无为．碌曲县）

擂 ltc（擂鼓．擂响．大吹大擂）、擂 ltl（擂台．打擂．擂台赛）

累 ltc（累累．累赘）、累 ltl（受累．不怕累）、累 ltv（硕果累累．伤痕累累）

笼 lgc（鸟笼．笼子）、笼 lgv（笼络．笼统．笼络人心）

率 lol（效率．机率．死亡率）、率 wml（率领．草率．率先）

棱 lec（穆棱县）、棱 ly（红不棱登）、棱 lyc（棱角．窗棱．有棱有角）

落 lal（落下．丢三落四）、落 lbl（落枕．落套）、落 lpl（落日．降落．落日余晖）

淋 lmc（淋浴．淋巴．淋湿）、淋 lml（过淋）

凉 ljc（凉水．冰凉．凉白开）、凉 ljl（凉一凉）

量 ljc（量程．量尺寸．丈量．量体裁衣）、量 ljl（力量．重量．量力而行）

俩 ljv（伎俩）、俩 lnv（俩字．哥儿俩）

露 lul（露水．白露）、露 lwl（露面．露头儿）

读音首字母是 G 的多音字

搁 g（搁置．搁浅．搁放）、搁 gc（搁不住折腾）

饹 g（饹馇）、饹 l（饸饹）

咯 g（咯咯地笑）、咯 kav（咯痰）

葛 gc（葛布．葛根）、葛 gv（葛大夫）

蛤 gc（蛤蜊）、蛤 hac（蛤蟆）

个 gl（个儿矮．几个．各个）、个 gv（自个儿）

嘎 ga（嘎嘎叫．嘎巴硬脆）、嘎 gac（嘎调儿）、嘎 gav（嘎小子）

伽 ga（伽马刀．伽马线）、伽 jn（伽利略）

咖 ga（咖喱）、咖 ka（咖啡）

干 gh（干净．干杯．毫不相干）、干 ghl（干部．干工作．干好事）

骨 gu（骨朵儿．花骨朵）、骨 guv（骨骼．骨头．头骨）

冠 gr（衣冠．弹冠相庆．冠冕堂皇）、冠 grl（冠军．冠名）

观 gr（观看．观察）、观 grl（道观．回龙观）

纶 gr（纶巾）、纶 ldc（纶音佛语．腈纶）

钢 gk（钢铁．炼钢）、钢 gkl（钢刀）

更 gy（三更半夜．五更．自力更生）、更 gyl（更美．更好．更重要）

杆 gh（栏杆）、杆 ghv（枪杆子．笔杆子．杆状．杆秤）

龟 gj（乌龟．龟甲）、龟 qq（龟兹国）

供 gg（供应．供给．供不应求．供参考）、供 ggl（翻供．谎供．诱供．招供）

勾 gw（勾结．勾连）、勾 gwl（勾当）

呱 gf（呱呱叫．呱叽）、呱 gfv（拉呱儿）、呱 gu（呱呱坠地）

给 gtv（给出．付给．还给）、给 jv（给养．供给）

芥 gsl（芥菜．芥蓝）、芥 jfl（芥菜．芥菜疙瘩）

枸 gwv（枸杞）、枸 jov（枸橼．枸橼酸氯米芬）

刽 gjl（刽子手）、刽 kml（市侩．市侩阶级）

莞 grv（东莞）、莞 uhv（莞尔一笑．莞尔）

贾 guv（商贾）、贾 jnv（贾老师）

盖 gsl（遮盖．盖房子）、盖 gv（盖老师）

颈 gyv（脖颈儿）、颈 jev（颈椎．颈部）

戆 gkl（戆头戆脑）、戆 yil（戆直）

读音首字母是 K 的多音字

嗑 k（唠嗑）、嗑 kl（嗑瓜子）

看 kh（看紧．看家．看守所）、看 khl（看望．看见．好看）

空 kg（空中．空军．太空．空中楼阁）、空 kgl（空格．空缺．空闲．有空儿．没空儿）

卡 kav（卡车．卡丁车）、卡 qnv（关卡．卡住）

读音首字母是 H 的多音字

喝 h（喝水．吃喝．吃吃喝喝）、喝 hl（大喝．大喝一声）

荷 hc（荷花．荷包．荷叶）、荷 hl（是荷．荷枪实弹）

核 hc（核查．核对．原子核．结核）、核 huc（枣核儿．樱桃核儿）

和 hc（和平．他和她．战与和）、和 hl（一唱一和）、和 hpc（和面）、和 hpl（洗一和．和稀泥）、和 huc（和牌）

吓 hl（恐吓．恫吓．威吓）、吓 xnl（吓唬．吓一跳）

哈 ha（哈哈大笑．哈气．哈尔滨．点头哈腰）、哈 hal（哈巴狗）、哈 hav（哈达）

糊 hu（眵目糊）、糊 huc（糊涂．糨糊．糊里糊涂）、糊 hul（糊弄）

化 hf（叫花子．花子）、化 hfl（化解．文化．化肥）

哗 hf（哗哗作响．哗哗地流）、哗 hfc（哗众取宠．喧哗）

哄 hg（哄传．哄然大笑）、哄 hgv（哄人．哄骗．哄孩子）、哄 hgl（起哄．哄抬物价）

咳 hs（咳声叹气．咳！干什么呢）、咳 kc（咳嗽．干咳）

豁 hp（豁口．豁嘴）、豁 hpl（豁达．豁亮）

华 hfc（中华．华侨．华丽）、华 hfl（华山．华女士）

行 hkc（行业．银行）、行 xec（行动．行为）

会 hjl（会议．会见）、会 kml（会计．财会）

汗 hhc（可汗）、汗 hhl（出汗）

划 hfc（划船．划拳．划算）、划 hfl（计划．整齐划一）

还 hrc（还款．归还．还愿）、还 hsc（还是．还不能）

好 hbl（爱好．嗜好）、好 hbv（好人．真好）

虹 hgc（长虹．彩虹）、虹 jjl（出虹）

侯 hwc（王侯．侯门深似海．侯小姐）、侯 hwl（候车．候机．候补．等候）

珲 hdc（珲春．珲春市）、珲 hj（瑷珲县）

晃 hil（摇晃．晃荡）、晃 hiv（晃脸）

横 hyc（横行．横杆．横行霸道）、横 hyl（横暴．横财．专横跋扈）

罕 hhl（塞罕坝．穆罕默德）、罕 hhv（罕见．罕有）

浑 hdc（浑蛋．浑厚．浑身．浑然不知）、浑 hdl（浑水摸鱼）

混 hdc（混蛋）、混 hdl（混乱．混淆．混事）

巷 hkl（巷道）、巷 xjl（大街小巷．街谈巷议）

读音首字母是 J 的多音字

奇 j（奇数）、奇 qc（奇迹．好奇．奇观）

几 j（茶几）、几 jv（几时．几个）

系 jl（系鞋带．系扣）、系 xl（系列．关系．中文系．法学系．一系列）

纪 jl（纪律．党纪国法）、纪 jv（纪晓岚）

间 jz（之间．人间．彼此间）、间 jzl（间谍．间断．间接．间隔）

监 jz（监督．监视．监狱）、监 jzl（国子监）

车 jo（丢卒保车）、车 ve（汽车．火车．车辆）

据 jo（拮据）、据 jol（据说．根据．据查．依据．据理力争）

浆 jj（豆浆．豆浆机）、浆 jjl（浆糊般）

济 jl（救济．接济．济困扶危）、济 jv（济南．人才济济）

将 jj（将军．将来．将就）、将 jjl（大将．将士．将领）

教 jx（教书．教课．教书育人）、教 jxl（教育．教化．教师）

禁 jm（禁脏．禁受．禁穿．不禁．禁不起）、禁 jml（禁止．禁毒．监禁．软禁．令行禁止）

茄 jn（雪茄烟．胡笳十八拍）、茄 qfc（茄子．番茄）

迦 jn（瑜伽）、迦 qfc（伽蓝．伽南香）

挟 jn（挟着．挟起）、挟 xfc（要挟．挟持．挟天子以令诸侯）

夹 jn（文件夹．夹缝．发夹）、夹 jnc（夹克．夹袄．马夹）

圈 jh（圈猪．圈起来）、圈 jhl（羊圈．牛圈．猪圈）、圈 qh（圆圈儿．花圈）

节 jf（节骨眼）、节 jfc（节日．春节）

结 jf（结巴．结结巴巴）、结 jfc（结论．结婚．结果．了结）

苣 jol（莴苣）、苣 qov（苣荬菜）

劲 jel（劲敌．劲松）、劲 jml（有劲．劲道）

校 jxl（校对．校正．三审三校）、校 xxl（校园．校长．学校）

卷 jhl（上卷．下卷．四卷）、卷 jhv（卷帘．卷烟．卷曲）

降 jjl（降落．降临．天降大任）、降 xjc（投降．降伏．降龙伏虎）

觉 jrc（觉悟．感觉．不知不觉）、觉 jxl（睡觉．睏觉）

倔 jrc（倔强）、倔 jrl（倔脾气．倔头倔脑）

假 jnl（假日．假期．放假）、假 jnv（真假不分．假惺惺．假的）

强 jjl（倔强）、强 qjc（强大．强调．强盗．富强）

嚼 jrc（咀嚼）、嚼 jxc（嚼子．马嚼子．嚼碎）、嚼 jxl（倒嚼）

角 jrc（角色．角逐）、角 jxv（角落．角膜．五角星．二角钱）

尽 jml（尽力．尽本分）、尽 jmv（尽管．尽量）

见 jzl（见识．见面．意见）、见 xzl（遍地见牛羊）

卷 jhl（上卷．下卷．开卷）、卷 jhv（花卷．卷铺盖．卷帘）

读音首字母是 Q 的多音字

曲 qo（曲直．曲折．曲别针）、曲 qov（歌曲．谱曲．曲调）

区 qo（区别．区间．灾区）、区 ew（区师傅）

切 qf（切开．刀切．切西瓜）、切 qfl（一切．切实．确切．切不可）

呛 qj（呛水．呛饭）、呛 qjl（够呛．呛鼻子）

悄 qx（静悄悄．悄悄地）、悄 qxv（悄无声息．悄然抵达）

茜 qzl（茜草．茜纱）、茜 x（多用于人名）

纤 qzl（纤夫）、纤 xz（纤维）

券 qhl（证券．国库券）、券 xhl（拱券）

亲 qel（亲家．亲家公）、亲 qm（亲人．亲戚．可亲可爱）

雀 qrl（雀斑．麻雀）、雀 qxv（雀子．家雀）

仇 qqc（仇女士．仇先生）、仇 vwc（仇敌．仇恨．冤仇）

覃 qmc（覃先生）、覃 thc（覃女士）

翘 qxc（翘首．翘盼．翘首远望）、翘 qxl（翘辫子．翘大拇指）

读音首字母是 X 的多音字

兴 xe（兴旺．兴盛．兴起）、兴 xel（兴趣．高兴）

肖 xx（肖邦．肖先生）、肖 xxl（肖像．肖像权）

芯 xm（芯片．笔芯）、芯 xml（芯子．蛇芯）

相 xj（相助．相对．相信．互相）、相 xjl（照相．相片．首相）

削 xr（削发为僧．剥削）、削 xx（刀削面．削皮）

鲜 xz（鲜血．海鲜．鲜活）、鲜 xzv（朝鲜．鲜为人知）

旋 xhc（旋涡．旋转．盘旋）、旋 xhl（旋风）

解 xfl（解数．浑身解数．解先生）、解 jfv（解题．解决．不解．解释不通）

血 xfv（出血．流血）、血 xrl（血液．鲜血）

读音首字母是 Y 的多音字

吱 y（吱扭．吱吱嘎嘎）、吱 z（吱声．有事吱一声）

只 y（三只鸡．五只羊）、只 yv（只要．只是．只能）

查 ya（查先生）、查 vac（查收．查验．调查）

咋 ya（咋呼）、咋 zav（咋了．咋样）、咋 zec（咋舌）

扎 ya（扎堆．扎针）、扎 yac（挣扎）、扎 za（扎辫子．扎紧．扎口袋）

挣 yy（挣扎．挣地盘）、挣 yyl（挣钱．挣断．挣脱）

症 yy（症结）、症 yyl（症状．病症）

怔 yy（愣怔）、怔 yyl（怔了怔）

正 yy（正月）、正 yyl（正直．正确．正人君子）

中 yg（中间．中央．中层．中国人民）、中 ygl（中标．一语中的）

占 yh（占卜．占卦）、占 yhl（占百分之八．占便宜）

拽 ym（拽石头）、拽 yml（拽紧．向两头拽）

轴 ywc（轴心．车轴）、轴 ywl（压轴．压轴大戏）

炸 yac（油炸．炸麻花）、炸 yal（炸弹．爆炸）

种 ygl（种地．种植）、种 ygv（种子．种族．杂种）

择 ysc（择菜）、择 zec（选择．择日宣判）

转 yrl（转悠．转椅．旋转．转来转去）、转 yrv（转移．转业．翻转）

赚 yrl（赚钱．赚了）、赚 zrl（赚人）

着 ybc（着火．着魔．着急）、着 ye（听着．记着．想着点）、着 ypc（着装．着重点）

爪 ybv（爪牙．鹰爪）、爪 yfv（鸡爪．爪子）

召 ybl（召开．号召）、召 wbl（召先生）

涨 ykl（头晕脑涨．涨红脸）、涨 ykv（涨价．涨潮．水涨船高．涨工资）

奘 yiv（粗奘）、奘 zkl（玄奘．玄奘法师）

读音首字母是 V 的多音字

匙 vc（羹匙）、匙 w（钥匙）

喳 va（喊喊喳喳）、喳 ya（喳喳叫．叽叽喳喳）

杈 va（杈子）、杈 val（树杈）

叉 va（叉子．刀叉）、叉 vac（叉死．叉住）、叉 val（劈叉．叉开两腿）

吵 vb（吵吵）、吵 vbv（吵架．吵嘴．吵个没完）

绰 vb（绰起．绰家伙）、绰 vpl（绰号．绰绰有余）

创 vi（创伤）、创 vil（创业．创造）

冲 vg（冲锋．冲刷．气冲冲）、冲 vgl（冲着．冲南）

畜 vul（畜生．牲畜）、畜 xol（畜产品．畜牧业）

处 vul（处长．处处被动）、处 vuv（处理．处罚．相处）

衩 val（衩儿）、衩 vav（裤衩．褂衩）

刹 val（刹那间）、刹 wa（刹车）

盛 vyc（盛饭．盛菜）、盛 wyl（盛大．茂盛．昌盛）

传 vrc（传说）、传 yrl（传记）

场 vkc（打场．场院）、场 vkv（牧场．林场．场地）

长 vkc（长长的．长征．长城）、长 ykv（长大．成长．长大成人）

重 vgc（重复．重新．重阳节．困难重重）、重 ygl（重量．重要．头重脚轻）

臭 vwl（臭气．臭不可闻）、臭 xql（乳臭未干）

称 vnl（称心．称职．称心如意）、称 vy（称赞．称呼．称霸．称霸一方）

朝 vbc（朝鲜．朝着）、朝 yb（朝阳．朝气．朝气蓬勃）

禅 vhc（坐禅．禅杖）、禅 whl（禅让．禅位）

读音首字母是 W 的多音字

嘘 w（嘘！小声点）、嘘 xo（嘘气．嘘寒问暖．嘘声四起）

殖 w（骨殖）、殖 yc（殖民．生殖期）

什 wc（素什锦．什锦）、什 wnc（什么）

石 wc（石块．石头．铁石心肠）、石 dhl（一石是十斗）

识 wc（识字．识相．认识．识别）、识 yl（标识．标识符）

氏 wl（姓氏．氏族）、氏 y（月氏．大月氏．小月氏）

杉 wa（杉篙）、杉 wh（云杉．杉树）

煞 wa（煞尾．煞行李．煞威风）、煞 wal（脸色煞白．煞有介事．凶神恶煞）

说 wp（说话．诉说．听说）、说 wjl（游说．说客）

捎 wb（捎信．捎脚儿．捎带）、捎 wbl（捎车）

稍 wb（杨柳稍．稍微．稍矮一点）、稍 wbl（稍息）

栅 wh（栅极管）、栅 yal（栅栏）

扇 wh（扇风．扇扇子）、扇 whl（扇子．扇面儿）

术 wul（算术．心术．术语）、术 yu（苍术．金兀术）

数 wul（数字．数学．数码．数理化）、数 wuv（数数儿．数一数二．数得着）

折 wec（折本）、折 ye（折腾．折跟头）、折 yec（打折．折尺．百折不挠）

舍 wel（宿舍）、舍 wev（舍弃．舍不得．恋恋不舍）

省 wyv（省市．省事．各省）、省 xev（反省．省悟）

厦 wal（大厦．高楼大厦）、厦 xnl（厦门）

熟 wuc（熟悉．熟练．成熟）、熟 wwc（熟菜．熟人．熟食）

上 wkl（上级．上海．上上下下）、上 wkv（上声）

少 wbl（少年．老少皆宜．不分老少．少壮派）、少 wbv（少数．多少．不多不少）

读音首字母是 R 的多音字

嚷 rk（嚷嚷）、嚷 rkv（大嚷大叫）

任 rnc（任老师）、任 rnl（任务．任重道远）

读音首字母是 Z 的多音字

訾 z（訾小姐）、訾 zv（訾议）

作 zp（作坊）、作 zpl（工作．作用．作业．做作）

钻 zr（钻研．钻空子．钻牛角尖）、钻 zrl（钻石．钻头）

脏 zk（脏兮兮．脏衣服）、脏 zkl（心脏．肝脏．脏器官）

仔 zsv（靓仔．牛仔裤）、仔 zv（仔细．仔仔细细）

读音首字母是 C 的多音字

刺 c（刺拉）、刺 cl（刺刀．刺杀．刺绣）

差 c（参差不齐）、差 va（差距．差别）、差 val（差劲．差生）、差 vs（出差．开小差）

伺 cl（伺候）、伺 sl（伺机．伺机作案）

参 ch（参加．参赞）、参 cn（参差．参差不齐）、参 wn（人参．党参．参汤）

撮 cp（撮口呼．一小撮）、撮 zpv（一撮儿毛）

曾 cyc（曾经．曾被盗过）、曾 zy（曾老师）

侧 cel（侧面．两侧．辗转反侧）、侧 ys（侧歪．侧歪着身子）

读音首字母是 S 的多音字

似 sl（似乎）、似 wl（似的）

撒 sa（撒手．撒欢儿．撒手人寰）、撒 sav（撒了．撒播种子．撒豆成兵．撒胡椒面）

挲 sa（摩挲）、挲 sp（摩 mc 挲）

臊 sb（臊气．臊味．腥臊）、臊 sbl（害臊．没羞没臊）

丧 sk（报丧．丧事）、丧 skl（丧失．丧生．丧命．命丧黄泉）

扫 sbl（扫帚．扫帚柄）、扫 sbv（扫除．打扫．扫地出门）

色 sel（色情．颜色）、色 wsv（色子．掉色）

宿 sul（宿舍．归宿．宿敌）、宿 xql（星宿．二十八宿）、宿 xqv（一宿没合眼）

散 shl（散步．散心．吹散）、散 shv（散兵．散兵游勇）

遂 sjc（半身不遂）、遂 sjl（遂心．遂愿．遂心如意．强奸未遂．遂不成罪）

塞 sel（堵塞．充塞）、塞 ss（塞住．塞车．瓶塞）、塞 ssl（塞外．塞北．塞罕坝）

双文速录人民警察版软件由北京双文速录公司负责经销、教学和技术支持。电话：010－62820869，邮箱：crwmkj @ 126. com，QQ：378050527。